住房城乡建设部土建类学科专业『十三五』规划教材
全国住房和城乡建设职业教育教学指导委员会建筑与
规划类专业指导委员会规划推荐教材

# 建筑动画设计与制作

（建筑与规划类专业适用）

王俭 主编

季翔 主审

U0249867

中国建筑工业出版社

图书在版编目（CIP）数据

建筑动画设计与制作／王俭主编．—北京：中国建筑工业出版社，2015.6
住房城乡建设部土建类学科专业"十三五"规划教材．全国住房和城乡建设职
业教育教学指导委员会建筑与规划类专业指导委员会规划推荐教材
ISBN 978-7-112-18183-4

Ⅰ．①建… Ⅱ．①王… Ⅲ．①建筑设计－三维动画软件－高等职业教育－教
材　Ⅳ．① TU201.4

中国版本图书馆CIP数据核字（2015）第122411号

　　本书根据高等职业教育特点编写，按照"模块—项目"结构，采用内容讲解与实际案例
操作相结合的方式教授学生建筑动画设计与制作的相关知识。本书共5个模块：建筑场景制
作、建筑渲染材质制作、灯光渲染设计制作、建筑动画分镜头设计、动画后期处理。本书中
介绍了如何运用Adobe Premiere Pro 2.0结合AutoCAD等软件进行建筑动画设计与制作，配
有大量操作界面的截图，可以使学生在短时间内掌握建筑动画制作和设计的方法与技巧。
　　本书主要作为高职高专建筑艺术及其相关专业的教材，也可为从事建筑动画设计与制作
的专业人员提供参考。
　　为更好地支持本课程的教学，我们向使用本书的教师免费提供教学课件，有需要者请与
出版社联系，邮箱：cabp_gzsj@163.com。

责任编辑：杨　虹　吴越恺
责任校对：姜小莲

住房城乡建设部土建类学科专业"十三五"规划教材
全国住房和城乡建设职业教育教学指导委员会建筑与规划类专业指导委员会规划推荐教材
**建筑动画设计与制作**
（建筑与规划类专业适用）

王　俭　主编
季　翔　主审
\*
中国建筑工业出版社出版、发行（北京海淀三里河路9号）

各地新华书店、建筑书店经销
嘉泰利德制版
北京京华铭诚工贸有限公司印刷
\*
开本：787毫米×1092毫米　1/16　印张：9¾　字数：206千字
2021年1月第一版　2021年1月第一次印刷
定价：28.00元（赠课件）
ISBN 978-7-112-18183-4
（27421）

# 教材编审委员会名单

主　任：季　翔

副主任：朱向军　周兴元

委　员（按姓氏笔画为序）：

王　伟　甘翔云　冯美宇　吕文明　朱迎迎

任雁飞　刘艳芳　刘超英　李　进　李　宏

李君宏　李晓琳　杨青山　吴国雄　陈卫华

周培元　赵建民　钟　建　徐哲民　高　卿

黄立营　黄春波　鲁　毅　解万玉

# 前　　言

　　《建筑动画设计与制作》使学生掌握了三维动画技术后，具备三维设计师职业认证的基础上，掌握了三维动画基本知识后，培养其职业岗位能力。经过了三维动画设计师的操作技能训练，掌握动画场景制作、材质贴图、动画渲染、动画镜头制作和动画后期处理等方面的基础知识。本课程以三维动画设计师岗位能力职业要求为标准，以建筑动画设计与制作典型性的工作任务为学习任务，以真实工程项目为实训项目，工学结合，理论和实践相结合。

　　本课程的任务是通过建筑动画模型制作、建筑动画场景材质制作、建筑动画灯光渲染设计与制作、动画镜头设计与制作和动画后期处理等几个项目使学生掌握建筑动画设计与制作的综合技能，为学习后续课程和将来的工作打好坚实基础。

　　本教材的特点是将理论知识和实训项目相结合，将培养学生的岗位能力和教学内容紧密结合。本教材的出版在建筑动画设计专业的教学改革中能够起到积极的推动作用。

　　本课程由国家示范院校——江苏建筑职业技术学院艺术设计学院王俭老师主编，朱雪老师、台湾屏东大学刘怀帏博士、北京Free-box CG设计工作室顾涛建筑动画设计师、徐州神亿影视公司周艳设计师参编。王俭老师设计全书的结构，撰写了模块一、模块二部分内容、模块三、模块四，并负责全书的统稿。顾涛老师撰写了模块二部分内容，朱雪老师撰写了模块五部分内容，并提供大量资料，提出了很多宝贵意见。刘怀帏老师在动画后期处理中提出很多宝贵意见。江苏建筑职业技术学院的领导和老师对本书的编写给予了很大的关心和支持，在此特向他们表示衷心的感谢。由于本书是教学改革的产物，加之作者水平有限，一定存在着许多不足之处，敬请同行和广大读者对本教材提出宝贵意见，以期在今后再版时予以充实和提高。

王俭　集晖斋艺术空间

# 目　　录

建筑动画设计与制作

# 1

## 模块一　建筑场景制作

**【知识点】**

建筑施工图整理；建筑建模知识；建筑配景知识；建筑动画插件知识。

**【学习目标】**

通过项目制作，学生能够掌握通过建筑施工图制作建筑模型的技术，根据动画要求布置场景，以此完成动画场景制作。

# 项目一 主体建筑模型制作

## 1 学习目标

- 熟练 CAD 软件的操作；
- 熟练掌握精简 CAD 图的方法；
- 熟练掌握 CAD 图在 3DMAX 软件中的使用方法；
- 掌握通过线性进行建模。

## 2 相关知识

### 2.1 AutoCAD 设计图纸使用

（1）在 AutoCAD 中做新块，即选择该写块，按 W 键，加按回车键打开块的操作面板。设置新的保存路径即可完成一个新块的创建，将选择的块创建一个新的文件。

（2）3DMAX 下拉菜单中"File"文件中的"Import"（导入）命令导入到 MAX 的 TOP 视图。左键点击"Select and Move"命令将其文件坐标归零。其南立面通过旋转与平面图垂直，并且左右侧也要对齐（以南立面为例）。

（3）将平、立面文件选择后点击右键在快捷菜单上，点击"Freeze Selection"将这两个物体冻结。

### 2.2 创建建筑模型的方法

（1）Rectangle（矩形）功用：Rectangle（矩形）可用来建立矩形，配合 Ctrl 键还可以建立正方形。它的使用比较简单，多用来形成放样物体的截面。

（2）Outline（扩边工具）：在修改器中可以把单边框修成双边框。

参数：创建矩形的参数面板包括 5 个卷展栏，分别为 Creation Method（创建方式）、Parameters（参数）、Rendering（渲染）、Interpolation（插补）和 Keyboard Entry（键盘输入），其中的 Rendering（渲染）和 Interpolation（插补）与 Line（线）中相应的参数一致，这里就不作介绍了。

（3）Extrude（挤压）功用：使用此修改工具可将一个平面图形增加厚度，使之突出成为一个三维实体，所以此修改工具只能用于平面图形。

## 3 项目单元

### 3.1 设计图纸的导入

（1）以一个单体楼房建模为例，在 AutoCAD 中将不需要的线关闭，显示出楼房本身的结构线形，这样导入 3DMAX 中可以清晰地分辩其模型的边缘线，如图 1-1 所示。

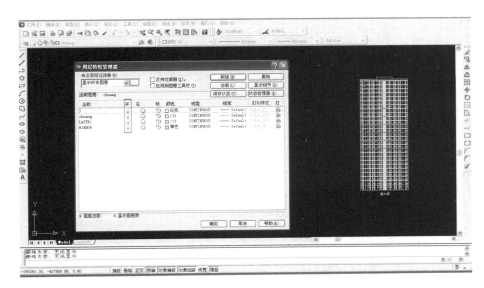

图 1-1

（2）在 AutoCAD 中做新块，即选择该写块，按 W 键，加按 Enter 键打开块的操作面板。设置新的保存路径即可完成一个新块的创建，将选择的块创建一个新的文件，如图 1-2 所示。

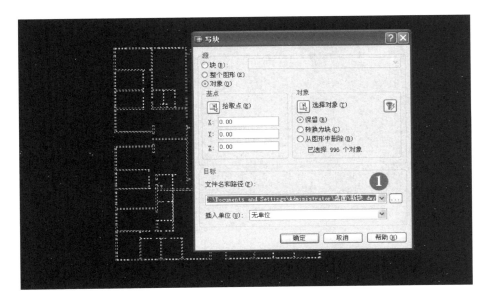

图 1-2

（3）将该楼房的平面图用 3DMAX 下拉菜单中"File"文件中的"Import"（导入）命令导入到 MAX 的 TOP 视图。左键点击"Select and Move"命令将其文件坐标归零。这样方便以后的操作，原因是文件在坐标归零后是在软件中最容易、最方便找到的，如图 1-3 所示。

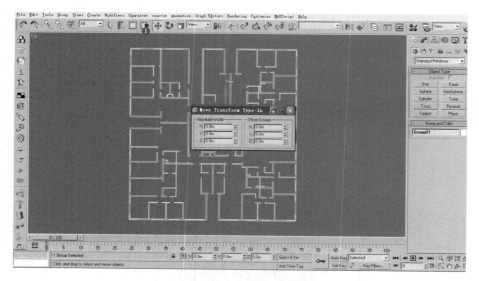

图 1—3

（4）将其南立面通过旋转与平面图垂直，并且左右侧也要对齐，这里要提醒的是这个南立面一定要放在坐标零点的后面，因为下一步要根据南立面创建物体。物体默认生成在坐标零点的平面上，这样方便选择创建的物体，这在实际操作中会有较深的体会，如图 1—4 所示。

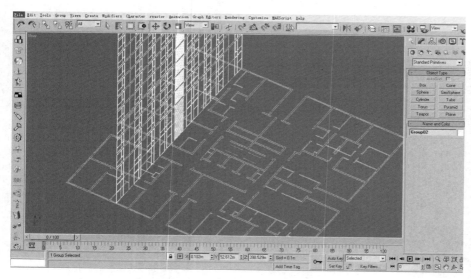

图 1—4

选择平、立面文件点击右键在快捷菜单上，点击〈Freeze Selection〉将这两个物体冻结，如图 1—5 所示。

（5）在工具栏中右键点击〈Snaps Toggle〉（锁定）。打开"Grid and Snap Settings"面板，勾选下面选项，这样对建模会有非常好的帮助，如图 1—6 所示。

（6）在创建面板上点击"Rectangle"创建方形。在修改线性工具中用"Outline"将线形修改为"回"形线，再用"Extrude"修改命令进行拉伸，创建该处的窗框，如图 1—7 所示。

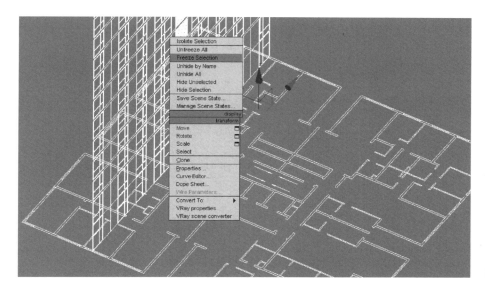

图 1-5

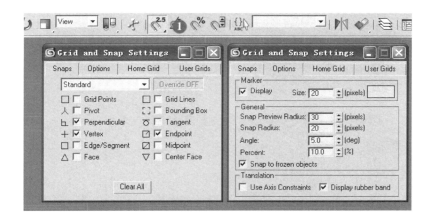

图 1-6

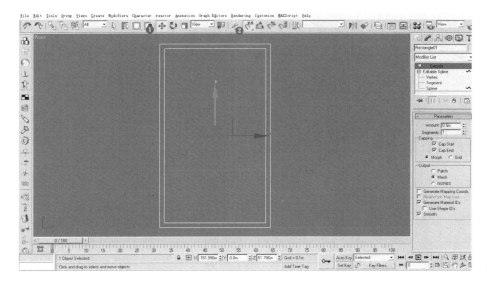

图 1-7

（7）如图1-8所示将刚创建的物体塌陷成Mesh物体。在"Editable Mesh"修改层以下选择模型物体的部分。同Shift键配合"Move"命令来复制，制作出窗柜的横竖内框，如图1-9所示。

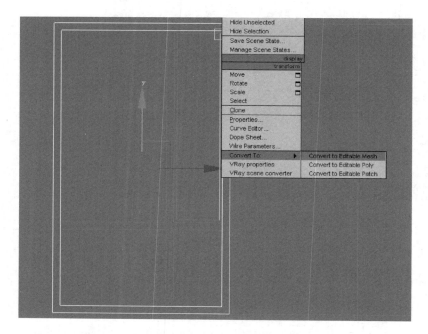

图1-8

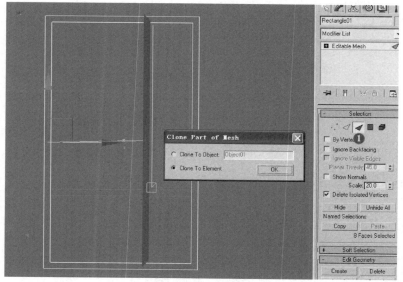

图1-9

（8）将窗框整体复制，用同样的方法进行更改，使其符合其他的窗框类型。很多楼房的外立面都可以这种方式进行创建。此处提醒读者在创建一个模型时都要指定一个材质，当然这里不一定要将贴图调试完毕，如图1-10所示。在建模完成时要将同一材质的物体进行塌陷，也就是确定将这个场景用到多少种材质，完成后的场景会有多少个几何物体。

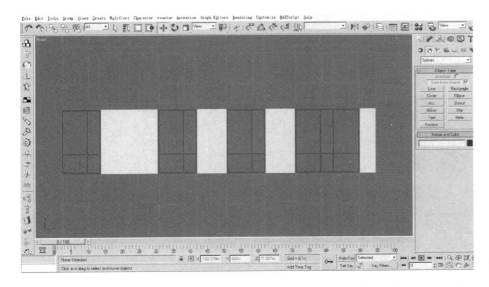

图 1—10

（9）将整个墙面创建完成后用一个方形面来表现尽可能多的窗户内玻璃。这也是为了节省面数。

（10）其他的建筑附件模型都根据平立面加上侧面（东、西面）来完成。这是一种简单实例的建模方法。复杂的建筑模型可能要用到更复杂的工具，每个模型制作完毕时在平面图上移动到对应位置，这样建好的模型就比较标准。

## 3.2 主体建筑的制作

（1）打开 3ds Max 软件，这是一个导入并对齐好的场景。这里可以观察到主体建筑的平面和各个立面。选择的主体建筑为一个别墅，有制作经验的读者可以知道别墅建模在建筑模型创建中较有代表性，难度也是较大的。原因如下：①外立面结构较为复杂；②平面、立面穿插结构不容易分析，如图 1—11 所示。这里可以看到这个立体建筑的大概形态。

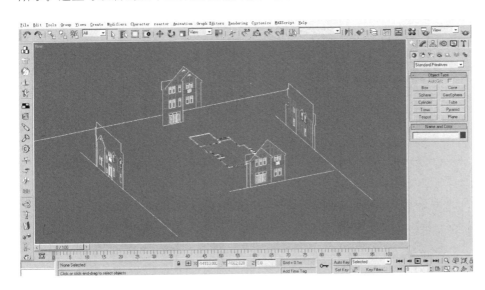

图 1—11

把 Max 视图切换为 Front 视图观察南立面的 AutoCAD 图，这时发现南立面、北立面重叠在一起了，如图 1-12 所示。这是因为导入立面时都是以一层平面地面线为基准对齐的。

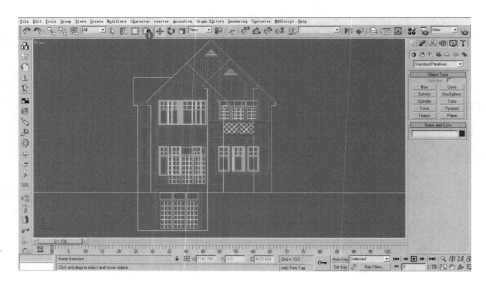

图 1-12

这样对以后的建模有影响，因为线条重复。如图 1-13 所示。

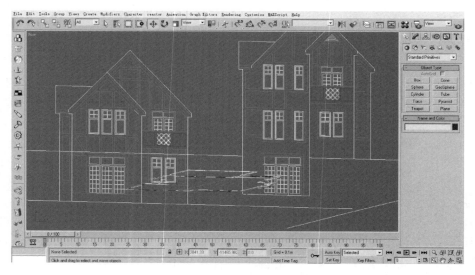

图 1-13

这里介绍一下笔者制作模型时的经验，在移动工具 "Select and Move" 上点击右键，弹出 "Move Transform Fgpe-In" 面板在 "Offest Screen" 区域 Z 轴方向输入数值 20000，如图 1-14 所示。这样北立面就在 Z 轴移动一个距离。这可以与南立面上下错开位置，如图 1-15 所示。这里要注意的是，要记住这个移位的数值，建北立面的模型时还要给 Z 轴移 "-20000"，来对齐到地面上来。

以同样的方式将西立面也向上移动 20000 距离，如图 1-16 所示。

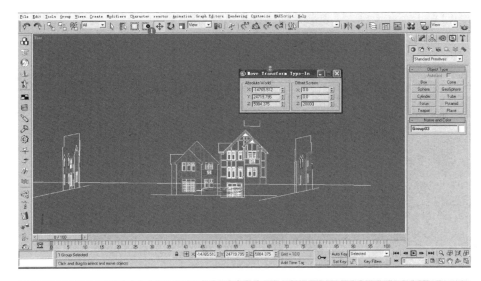

图 1-14

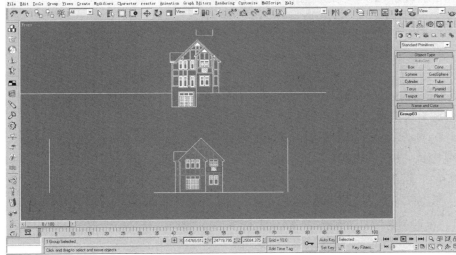

图 1-15

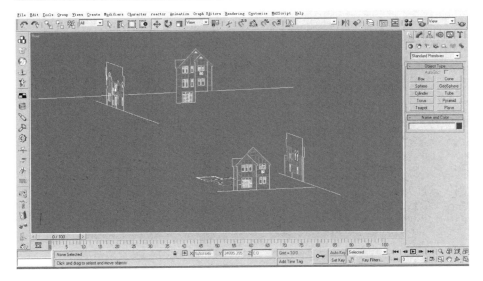

图 1-16

（2）选择所有的CAD图形，在屏幕上点击右键在快捷菜单中点击〈Freeze Selection〉，将其冻结，如图1—17所示。

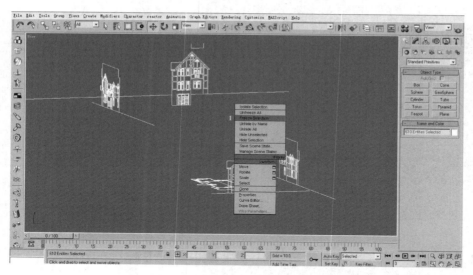

图1—17

在"Front"视图中分析南立面的具体形态，可以根据不同的理解和制作方法先后制作各个部位的模型，如可以先制作墙体，也可以先制作窗框。笔者的经验是先制作窗框，先制作体量较大的物体，可以制作如图1—18所示的结构。软件中红色线标注的区域为模型结构。在工具栏中"Snaps Toggle"工具上右键点击出现"Grid and Snap Settings"面板。勾选如图1—19所示的几个参数，这样可以方便下一步的操作。使用创建命令面板Line（线）工具创建如图1—20所示的图形。这时别墅的外墙结构的分割线将窗、门、墙分隔开来，接下来创建里面的一组分割线。最后一个点与起始点重合时会弹出"Spline"面板，点选【是】，即线形闭封，否则相反，这里都是击【是】，如图1—21所示。这样将南立面的建筑构件的主体线形制作完毕，如图1—22所示。

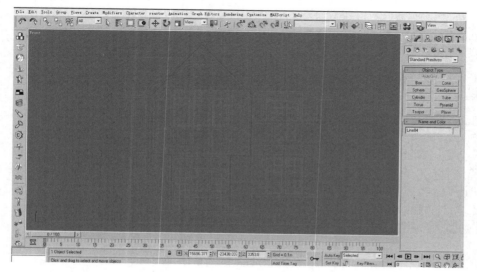

图1—18

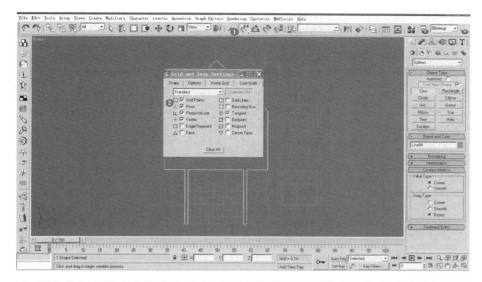

图 1—19

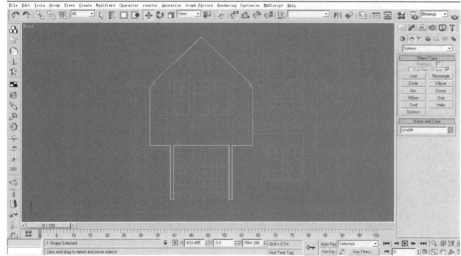

图 1—20

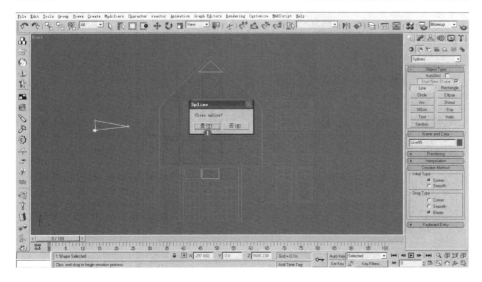

图 1—21

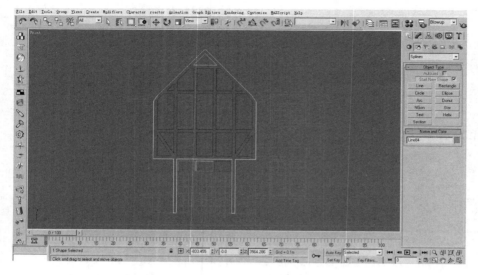

图 1-22

选择其中一个，点击右键，屏幕上出现快捷菜单，点击快捷菜单中的
"Attach"逐步依次点击其他多个线框将其结合在一起，如图 1-23 所示。这样
创建了一个如图 1-24 所示的线框集合体。

(3)得到这个线框是制作建筑部件的基础。在这里观察这个线框，如图 1-25
所示，这个线框是否只有一个封闭的空间，这里有两个重要的地方：①封闭空
间；②只有一个点是矩形显示的，其他的点都是十字显示，该线封闭的线框。
通过检测，三个矩形是多余的。

在"Line"修改器中选择"Vertex"，选择三个矩形框上的点，如图 1-26 所示，
按下键盘的 Delete 键即可以将此删除。

选择该线框，在修改命令面板中添加 "Extrude" 修改器，在 "Parameters"
栏下的〈Amount〉处输入 240，这样建出的物体就是 240mm 厚度，如图 1-27 所示。

这样别墅的部分模型就制作完成了。

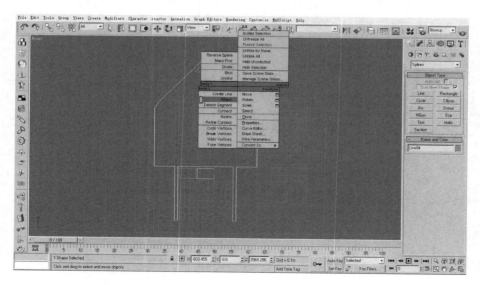

图 1-23

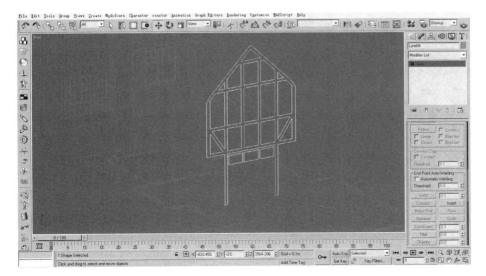

图 1—24

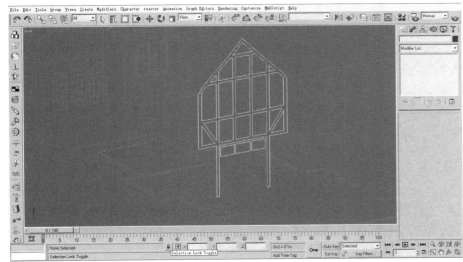

图 1—25

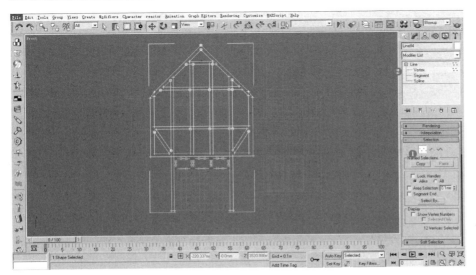

图 1—26

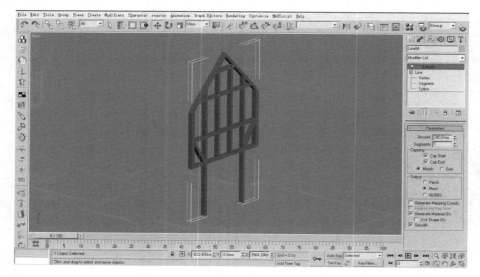

图 1-27

　　当然这里要打开"Material Editor"材质面板，挑一个大概相近的材质赋予
这个物体，如图1-28所示。这样如果这个物体被复制或复制后修改相似的物体，
这些衍生的物体都有共同的材质。

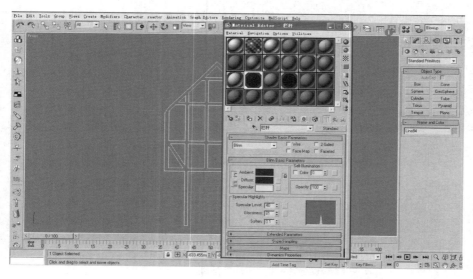

图 1-28

　　（4）建立南立面的二层的墙体及窗户。这里先将上面建的模型隐藏。还
是使用"Line"工具创建墙体的外轮廓，如图1-29所示。接着创建出中间三
个窗户的孔。使用"Rectangle"工具，直接创建一个矩形，形状如图1-30所示。
再用"Line"创建上面的三角形栅格窗的挖孔。使用"Auach"命令将三个封闭
的线框结合在一起，如图1-31所示，使用"Modity"中的"Extrude"命令将
其拉伸，厚度20mm，墙的标准厚度是240mm，这里也无妨，因为动画渲染外
立面是看不到厚度的。这里要给墙体一个材质。

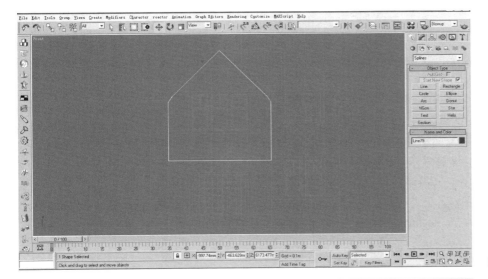

图 1—29

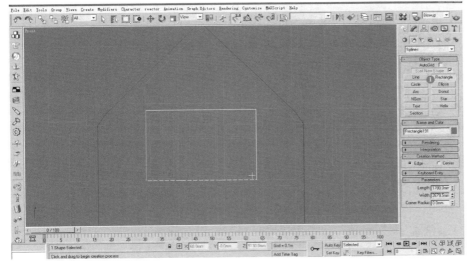

图 1—30

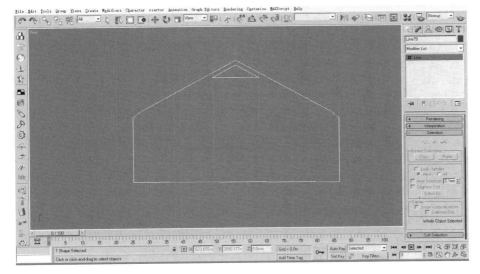

图 1—31

到 Top 视图上将两个创建好的物体进行对齐，如图 1-32 所示。这样墙体与建筑分割框架线有一个前后的凹凸。这里观察一下细节，如图 1-33 所示。墙体的窗户挖孔处与建筑的分割框架有共面现象，即画面上出了线纹显示。为了解决这个问题，这里选择墙体，点鼠标右键，在快捷菜单中选择"Convert to/Convert to Editable Mesh"，将此转化为 Mesh 物体。在修改面板里选择〈Vertex〉，选择共面处的点，向上或向下移动。使两个面不在一条水平线上便可以解决两个物体的共面问题，如图 1-34 所示。这里需要注意的是物体转化为 Mesh 物体的修改层级只显示"Editable Mesh"，即可修改的 Mesh 物体，就不再是前面显示的"Line"上面加一个修改器两个层级的内容。在这里再观察物体就没有共面现象。

(5) 创建窗体，选将上面建好的物体隐藏，以排除视觉干扰。

使用创建"Rectangle"命令创建矩形。这里依据 CAD 图，通过 2.5 维锁

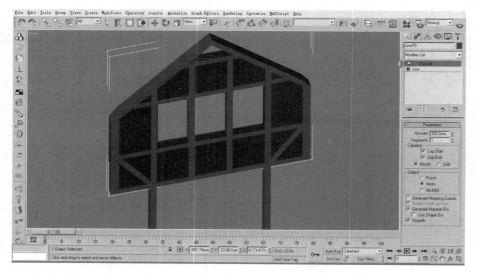

图 1-32

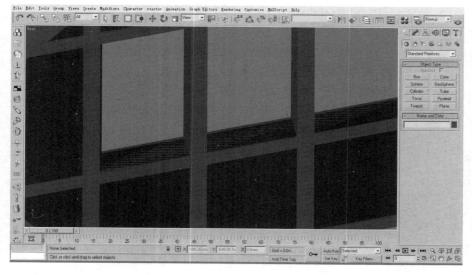

图 1-33

定可以轻松地创建理想的矩形。如图 1—35 所示，这是窗体的最大边框。

选择并点击右键在屏幕快捷菜单上点击"Convert to Editable Spline"，将其转化为可修改的曲线，如图 1—36 所示。在修改命令面板中，选择〈Spline〉层级。在下面的工具中使用"Outline"命令，在线框上点击，并按住鼠标拖动，会出现红线，将红线移至窗体的第二个线框处，这样即可创建一个"回"字形的封闭线，如图 1—37 所示。选择这个线条在修改命令处添加"Extrude"命令，在"Paeameters"卷展栏下 Amount 处输 50mm，这样窗外框就有 50mm 的厚度，如图 1—38 所示。用同样的方法做出第二层内框及开合的窗扇，如图 1—39 所示。

现在观察一下窗扇的结构，上半部分是"+"字形的结构，这个隔断怎么分割？一种方法可以直接创建两个尺寸合适的长方体进行分割。但这种方法相对较笨；这里将用第二种方法，将上半部分的窗扇选中转化为可编辑的 Mesh 物体在修改命令面板中点选〈Face〉层级，框选其一条边，按 Shift 键复制该边，

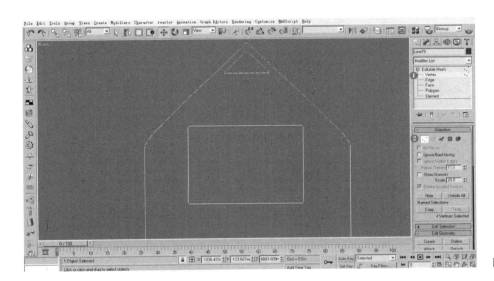

图 1—34

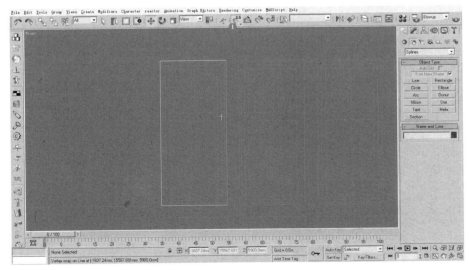

图 1—35

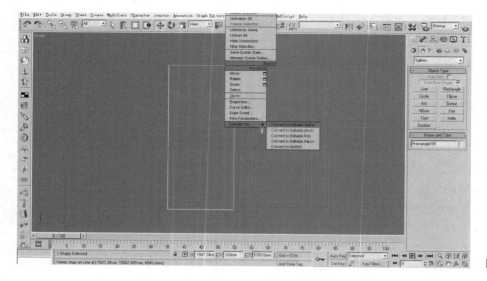

图 1—36

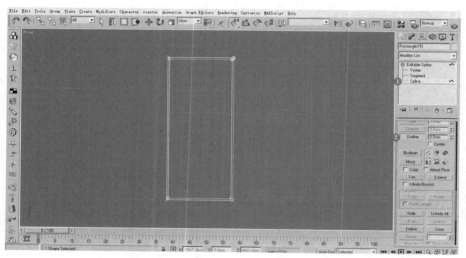

图 1—37

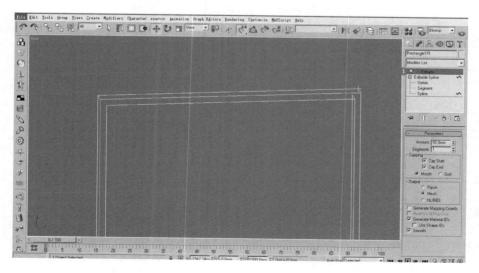

图 1—38

如图 1—40 所示，这条边移至中分割线处，这条边就是窗扇竖分线，如图 1—41
所示。当然窗扇的边框与内分割不一样粗，这里可以通过〈Vertex〉层级来修
改，选择内分割线上一侧的点移至与 CAD 图吻合处，这样物体的个数没有增加，
节约电脑资源。可以依此做法将本窗体做完。

　　这里必须提醒的是：窗框的材质都没有贴，还有物体是中间对齐的，还
有的是前对齐，或是后对齐。这里可以参照当下的常用窗体的结构，MAX 创
建物体时要设计师进行调整。转到 Top 视图，如图 1—42 所示的边框局部可以
看出每个部件是后对齐，这里可以把它调整为中间对齐，也可以不调。这里把
它调为第二层框与外框中对齐，窗扇不再动，如图 1—43 所示。这样单体的窗
就制作完成了。

　　其余的两个窗体做法相同，可以直接复制，如图 1—44 所示。窗体制作完
成要给这三个窗体制一块玻璃共用。因为这三个窗体在一个平面上，一块玻璃

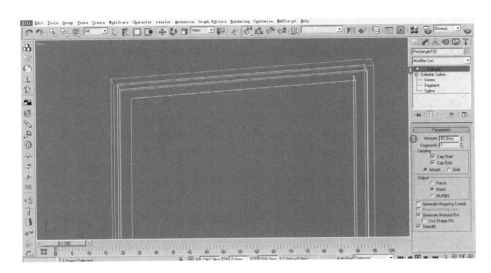

图 1—39

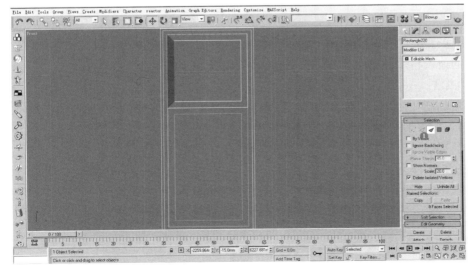

图 1—40

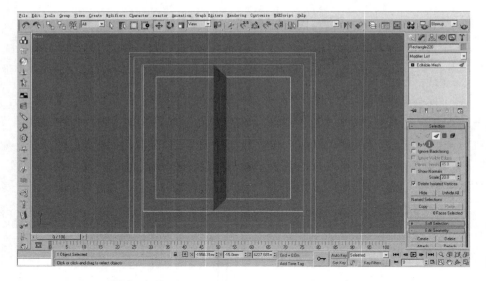

图 1—41

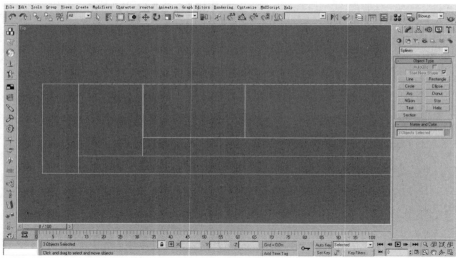

图 1—42

物体就可以解决窗体的玻璃效果。在渲染时窗体间隙处的内容不会显示。创建
一个"面"赋予透明的玻璃材质，移动至窗扇的中间位置，如图 1—45 所示。
这样窗体就制作完毕，如图 1—46 所示。

（6）制作别墅一层的门，使用上面制作方法。先制作其中的一扇门，如
图 1—47 所示，这个门外框上下左右宽度不同，故不能使用"Outline"命令将
线扩展成两条。因为这个命令四周的距离是一样的，不符合这里制作门框的要
求，此处创建两个矩形使用"Attach"命令将其结合在一起。

使用修改命令中的"Extrude"命令将其拉伸 50mm，与上面制作窗户的方
法一样制作这扇门。制作完成，按下 Shift 键向右移动一个门的距离。这时会
出现"Clone Options"面板。在〈Number of Copies〉处输入数字 2，即再复制
2 个，如图 1—48 所示。

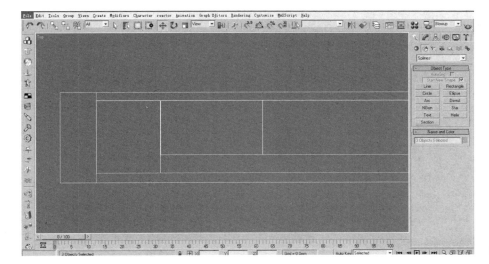

图 1—43

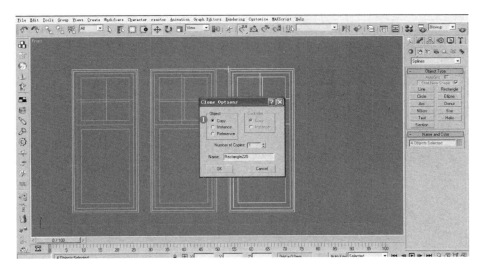

图 1—44

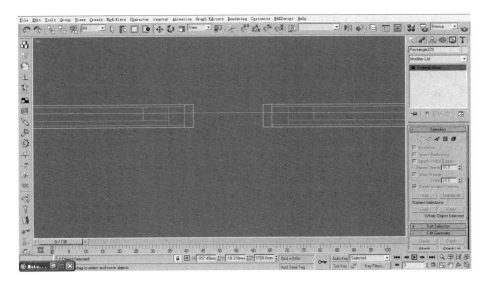

图 1—45

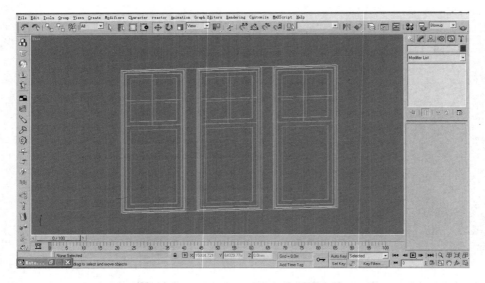

图 1—46

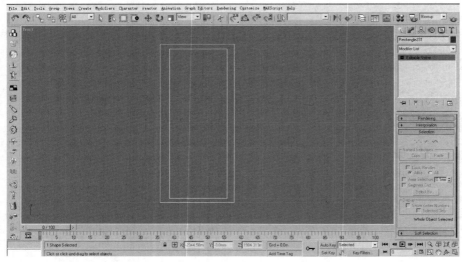

图 1—47

　　用同样的方法制作门上面的三个小窗孔及两边的墙体，这个别墅的一个立面制作完毕了，如图1—49所示。在 Top 视图依据 CAD 平面图将建好的一个立面移动到应在的位置，如图1—50所示。

　　(7) 依据南立面，参考东、西立面来制作别墅的房顶，使用 "Line" 工具画出房顶的截面，如图1—51所示，在 Left 视图中将创建好的截面的线框移至西立面的屋顶的边缘，使用 "Exturde" 命令，拉伸1200mm，即可以创建出这个屋顶的一个部分，这个房顶没有复杂结构，如图1—52、图1—53所示。

　　如图1—54所示是依据以上制作完成的别墅房顶的模型。

　　(8) 楼梯的创建

　　下面开始学习楼梯的创建。在创建过程中，大家除了熟悉这些常用命令外，还需注意栏杆扶手的简易创建方式。创建一个方体，作为一级台阶。进入创建

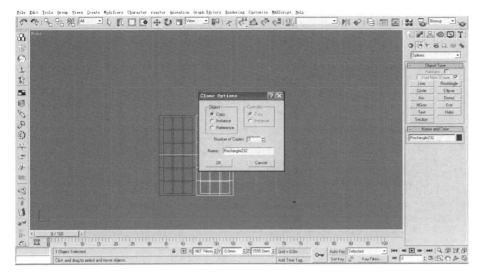

图 1—48

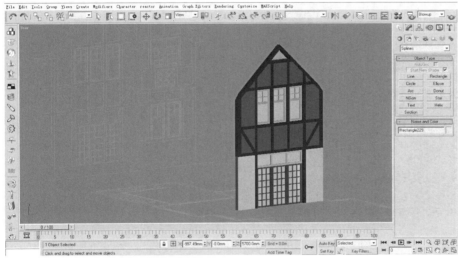

图 1—49

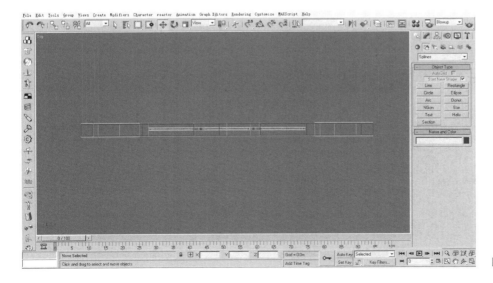

图 1—50

图 1—51

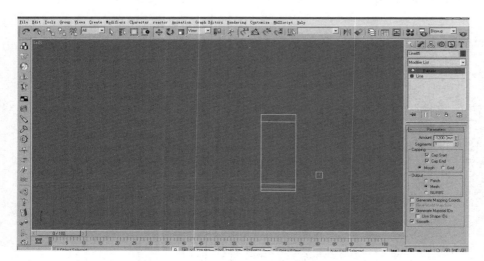

图 1—52

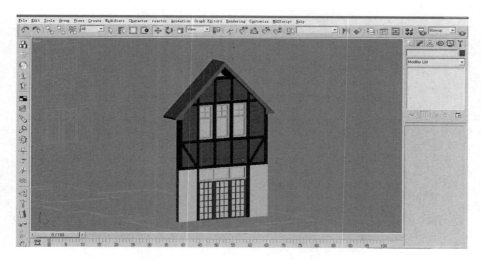

图 1—53

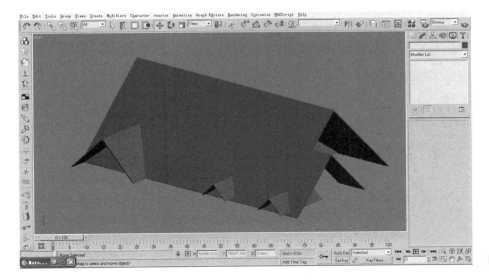

图 1-54

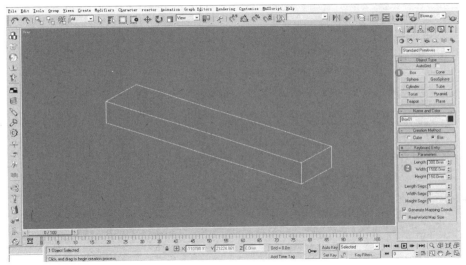

图 1-55

面板，单击【创建几何体】按钮。单击【Box】按钮，创建一个 Box，如图 1-55 所示。设置该方体的尺寸大小，恰是一级台阶的大小。进入"Right"视图，进行复制，创建出整个楼梯的初步形态。

选中刚创建的方体，按住 Shift 键，打开＜捕捉＞进行对角复制，在弹出的对话框中选择"Instance"关联复制。输入 12，复制出 12 级台阶。单击【OK】按钮，如图 1-56 所示。

这样就创建出了 12 级台阶的一个楼梯的初步形态。旋转视图，可以看到楼梯已经初具形态了，如图 1-57 所示。下面就要以此为标准勾画楼梯的侧面线，目的也是为了省面和规范模型。单击【Line】按钮，进行线的创建。在 Right 视图中，打开＜捕捉＞，沿着刚才的楼梯点进行描点，如图 1-58 所示。

描到起始点后，会弹出闭合线段的对话框，单击【是】按钮，将这段线

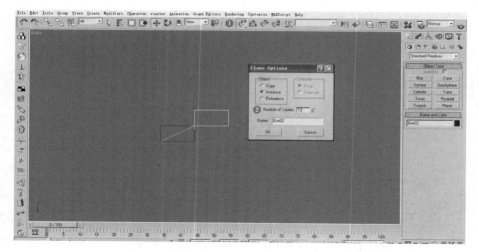

图 1—56

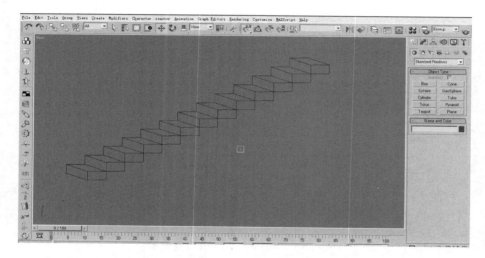

图 1—57

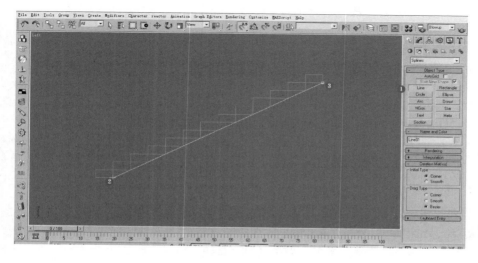

图 1—58

闭合。图 1—59 所示下面通过顶点的编辑制作出楼梯平台。在编辑面板中，进入〝Vertex〞顶点编辑面板，在视图中选择靠边的这两个点，选中后，呈红色显示，如图 1—60 所示。

单击工具栏【移动】按钮，并在此按钮上单击鼠标右键，弹出〝Move Transform Type-in〞对话框，在 $X$ 轴偏移栏中输入 900。这样，就将这段线延伸了过去，如图 1—61 所示。继续编辑顶点，创建完成一段楼梯的侧面线。

还是在〝Vertex〞层级上，选中该点。注意锁定 $XY$ 轴。打开捕捉进行移动，将该点和参照台阶物体的点对齐，如图 1—62、图 1—63 所示。将该线进行拉伸，制作成楼梯的一个梯段。

选择〝Extrude〞（拉伸）命令。这样就可以制作出如图 1—64 所示的楼梯。

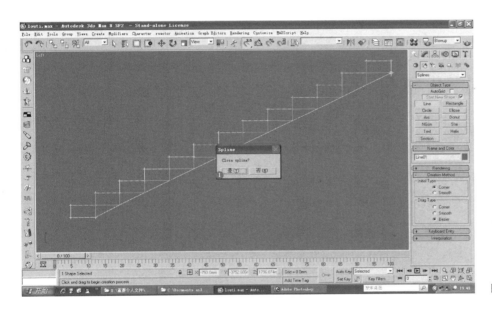

图 1—59

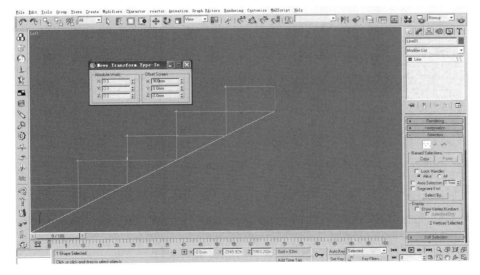

图 1—60

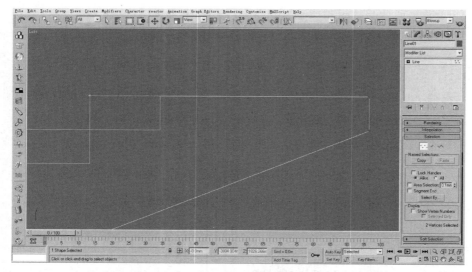

图 1—61

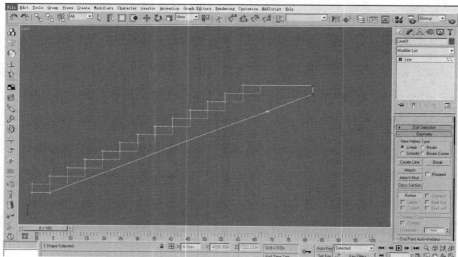

图 1—62

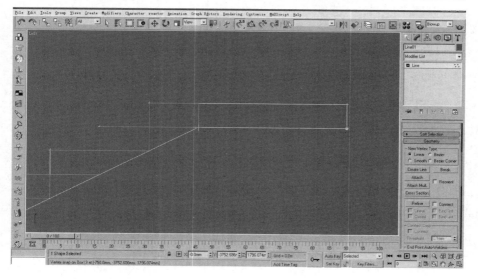

图 1—63

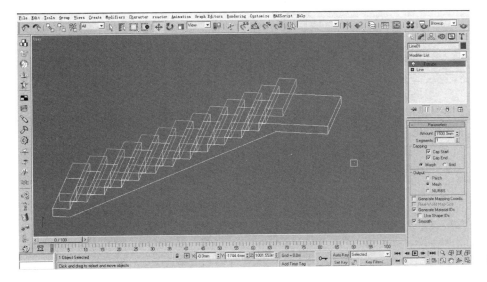

图 1—64

　　一般楼梯宽度在 1500mm 左右，这里，在〈Amount〉栏中输入 1500。制作双跑楼梯的另一跑楼梯，如图 1—65 所示。执行镜像命令，选择 X 轴镜像。

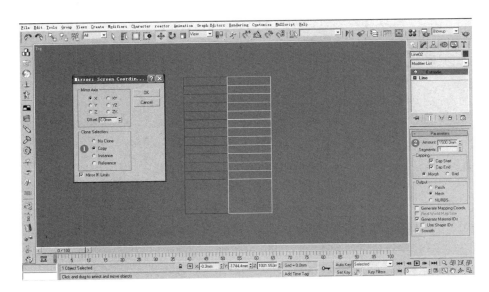

图 1—65

　　选择普通的 Copy 方式，单击【OK】按钮，如图 1—66 所示。将两段楼梯对齐。在右视图中，选择新复制的楼梯段，锁定 Y 轴方向。打开捕捉工具，对齐上一段楼梯的边。继续编辑顶点，创建完成一段楼梯。

　　还是在 "Vertex" 层级上，选中该点，锁定该点 XY 轴。打开捕捉进行移动，将该点和参照台阶物体的点对齐，如图 1—67 所示。

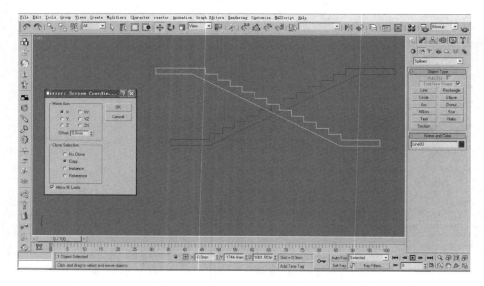

图 1—66

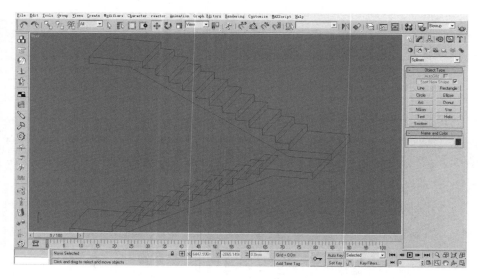

图 1—67

　　为梯段赋予材质。选中一个材质球，命名材质，选择一个颜色，赋予选中的物体。可以看到梯段的材质统一了，如图 1—68 所示。这时，可以将最早做的那些方体参照物删除，开始制作栏杆扶手。

　　单击【Line】，选择创建线。在 Top 视图中勾画出扶手的形态，同时注意各个点的控制。画好后，对这段扶手线进行复制，制作出内圈的扶手线，如图 1—69 所示。

　　进入线的编辑层级，进行〈Spline〉编辑。选择这段扶手线，按 Shift 键进行复制。复制出一段新的扶手线作为内圈的扶手线，如图 1—70 所示。对新复制的扶手线进行顶点编辑，完成内圈扶手线的制作。在"Front"视图中选择要拉上去的几个顶点，如图 1—71 所示。在 Right 视图中对重要的点逐个进行编辑，使其走向和楼梯的走向一致，如图 1—72 所示。旋转视图进行观

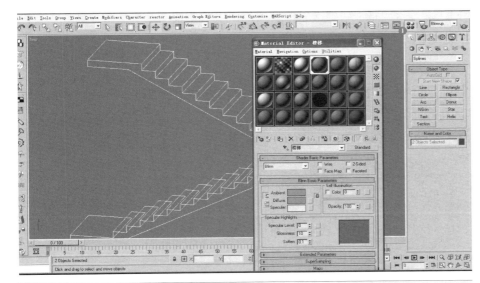

图 1-68

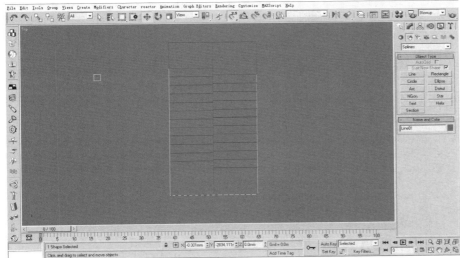

图 1-69

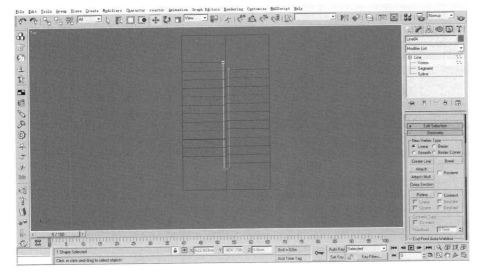

图 1-70

察,进一步调整各个点的位置,这样,最上面的扶手线就创建完毕了,如图1—73
所示。

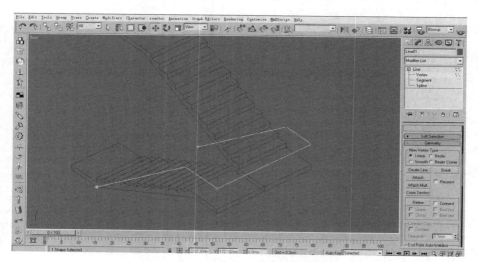

图1—71

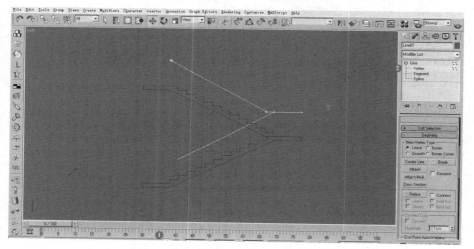

图1—72

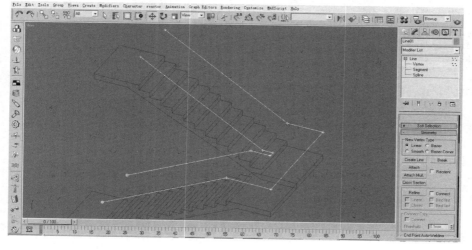

图1—73

下面通过物体内复制的方法，将其他几根扶手线都创建出来，如图
1-74 所示。旋转视图，调整这些线各个点的位置，以保证它们的正确性，
如图 1-75 所示。

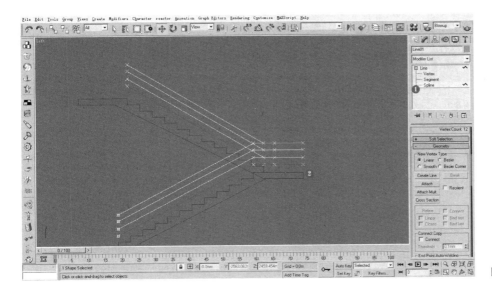

图 1-74

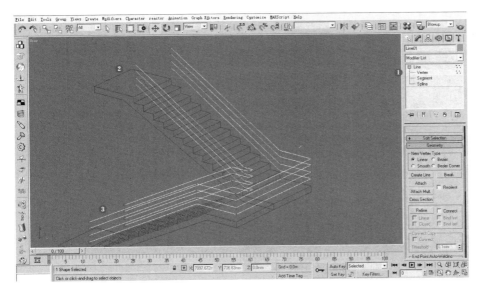

图 1-75

　　(9) 下面介绍线直接变成体的方法。在 Line 修改器 "Rendeing" 卷展栏
下勾选〈Enable ViewPort〉，勾选该选项，使其在视图中可以看到线段的
厚度。给线段一个半径，这里是将线变成圆形的栏杆。注意 Side 值的设置，
值越大，边缘越圆滑，但是面数也就越多。这样，就可以看到视图中本来
是线的扶手变成了扶手栏杆，如图 1-76 所示。

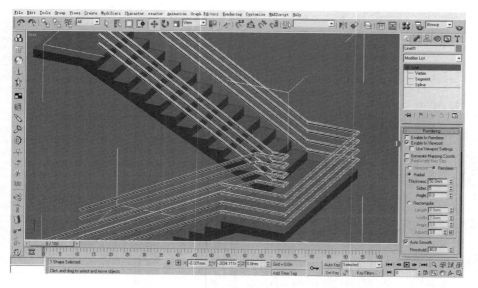

图 1—76

这里还需要区分上层的扶手和下面的栏杆的不同。分离出这一部分物体，并且为其制作出更加粗一些的扶手构建效果。为扶手栏杆赋予材质，用前面的方法制作即可，如图 1—77 所示。

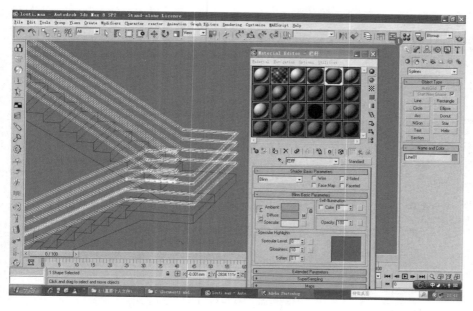

图 1—77

现在还需要创建出竖向的栏杆。在视图中选中上面的扶手，进行编辑顶点层级，如图 1—78 所示。单击【Refine】按钮，为该物体在其顶点处增加节点，这时呈黄色显示。向下拖拽鼠标，并进行对齐编辑，从而制作出竖直向的栏杆，如图 1—79 所示。同样地，进行物体内复制，完成整个栏杆的制作，过程中注意控制位置，如图 1—80 所示。

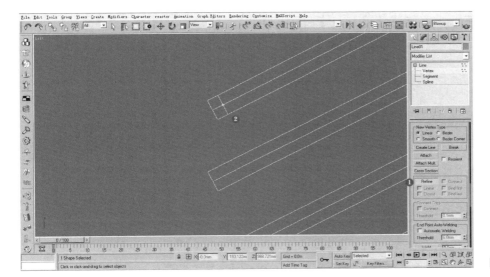

图 1-78

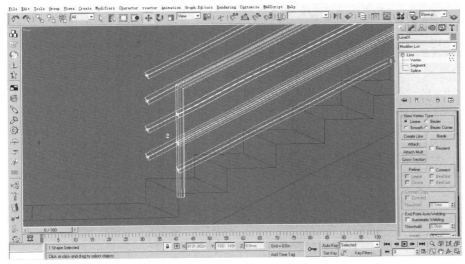

图 1-79

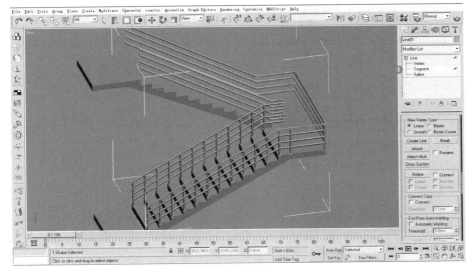

图 1-80

# 项目二　辅助物体设计与制作

## 1　学习目标

- 掌握建筑简模的制作方法；
- 熟悉并掌握建筑配景制作。

## 2　相关知识

### 2.1　贴图与模型

（1）Blend 贴图：（混合）类型材质，打开材质编辑器，单击【Object Type】按钮（材质类型），出现材质／贴图浏览器，选择"Blend"，单击【OK】按钮退出，"Blend Basic Parameters"卷展栏出现在材质编辑器的下半区。Material#1（材质#1）：单击按钮将弹出第一种材质的材质编辑器，可设定该材质的贴图和参数等。

Material#2（材质#2）：单击按钮会弹出第二种材质的材质编辑器，用于调整第二种材质的各种选项。

Mask（屏蔽）：单击按钮将弹出材质／贴图浏览器，选择一张贴图作为屏蔽，对上面两种材质进行混合。贴图上的白色区域是被两种材质充分混合的，而黑色的部分是不被混合的。

Interactive（交互）：在材质#1和材质#2中选择一种材质，以便将该材质显示在视图中的对象的表面。

"Mix Amount"（混合数值）：是使用屏蔽贴图混合之外的另外一种混合方法，它调整两个材质的混合百分比。当数值为 0 时，只显示第一种材质；为 100 时，只显示第二种材质。当"Mask"选项被激活时，"Mix Amount"为灰色不可操作状态。

（2）"Mixing Curve"（混合曲线）选项组：用来控制两种材质边缘之间的过渡，只在使用屏蔽贴图时有效。下面的曲线将随时显示调整的状况。"Use Curve"（使用曲线）：设置是否使用曲线来控制两种材质边缘的过渡。"Transition Zone"（过渡区域）：通过更改"Upper"（上部）和"Lower"（下部）的数值达到控制混合过渡曲线的目的。

（3）"Line"的拉伸，用"Line"工具创建外墙的轮廓线，创建一条符合简模外墙形态的曲线，在修改命令中使用"Outline"工具将其修改为线形。选择线形，点击右键通过快捷菜单将其转化为 mest 物体。这个方法是创建面片物体的常用方法。

### 2.2　Tree storm 插件的简介

（1）"Tree storm"树插件的简介：该软件由 ONYX 公司出品，是 MAX 优秀树木插件。内置数百种已有的树木类型，在场景中完全是以三维网格模型形式生成，可以通过调节参数更改其树形。在引入风向的作用下而产生变形动画。

（2）″Tree storm″产生的树以三维模型方式计算和渲染，其对电脑配置要求较高。因其出色的效果而广泛应用于三维游戏场景、建筑漫游场景和角色动画场景中。

# 3 项目单元

## 3.1 简单模型的制作

（1）在这里使用反推的方法制作简单模型，简模多用于配景，在要表现的主体建筑周围的配景模型。如图 1—81 所示的模型就是一个三维的简模。

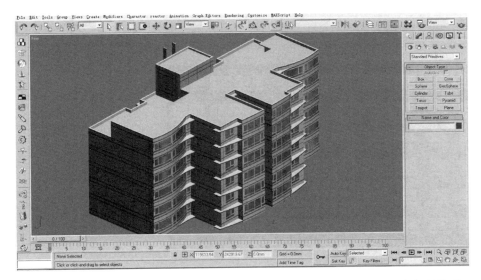

图 1—81

选择一侧墙面，其余的物体隐藏，这里可以发现全部是用单面片来制作的，用贴图来表现表面材质，如图 1—82 所示。

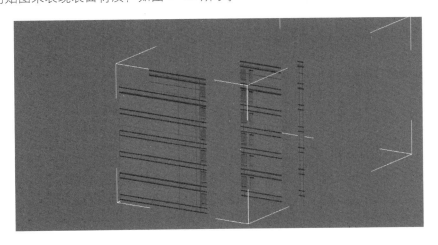

图 1—82

这里有一个制作技巧，就是在同一面片上如何制作有不同材质的物体，下面以一个墙面为例来讲解石材与玻璃窗的表现技巧。如图 1-83 所示是这个简模的南立面的截图，包括墙面及窗户；如图 1-84 所示即是一张黑白相间的贴图，白色区域为窗户的玻璃，黑色区域为墙体和窗框，这是一张蒙板，下面讲的一个贴图方式可以用到它。

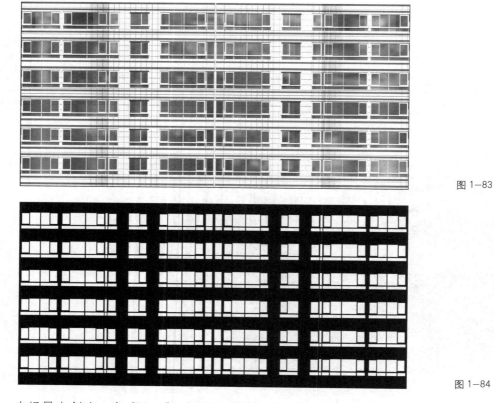

图 1-83

图 1-84

在场景中创建一个"Plane"，如图 1-85 所示，为其赋予材质，在材质面板中点击"Standard"，弹出如图 1-86 所示面板，在列表中点击 Blend 贴图方式，下面观察贴图面板，如图 1-87 所示。"Blend Basic Parameters"卷展栏下有三个可实施贴图的地方。Material 1 可以贴图 1-88 所示图片。Material 2 可以设置一个透明玻璃材质，这里只要点击条状按钮即可进入贴图面板。

图 1-85

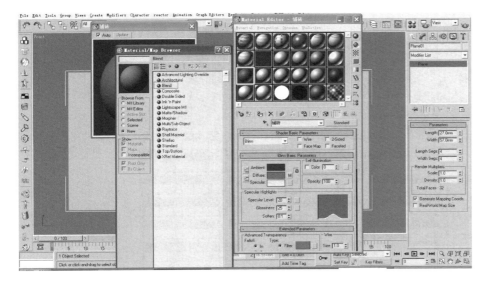

图 1—86

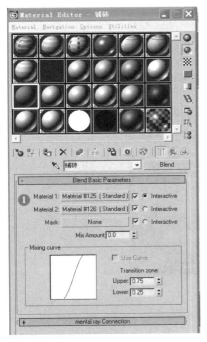

图 1—87

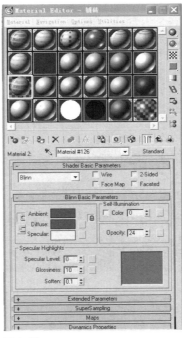

图 1—88

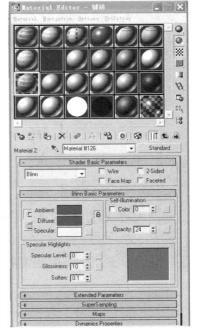

图 1—89

　　如图 1—88 所示在 Material 1 上贴图 1—83 所示图片。在 Material 2 上设置材质为蓝色，"Opacity"（透明度）设为"50"，如图 1—89 所示。在 Mask 上贴黑白相间的蒙板贴图，如图 1—90 所示，观察材质球中玻璃区域出现透明部分。渲染这个"Plane"，可以看到这样一个效果，如图 1—91 所示。因为场景默认是黑色的，所以窗户处因为透明也是显示黑色，这里可以调整 Material 2 处的透明度来调节。

图 1—90

图 1—91

　　（2）上面讲解墙面与窗户的材质制作方法，下面看一下该简模的其他配件。在这里要注意以下 2 个问题：①能用单面表现的一定要用面来表现；②可以用贴图来解决的就不要用模型来表现。由此就可以分析下面的模型了。如图 1—92 所示是该简模的北立面及东立面和几个其他构件，可以看出全部是以面的形式展现的。表面的栅格线是用贴面来表现的。

　　创建房顶的表现墙的厚度的面，用"Line"工具创建外墙的轮廓线，如图 1—93 所示，创建一条符合简模外墙形态的曲线，在修改命令中使用"Outline"工具将其修改为如图 1—94 所示的线形。选择线形，点击右键通过快捷菜单将其转化为 mesh 物体，如图 1—95、图 1—96 所示，即是可以表现楼房外墙厚度的物体。所以贴图是制作简模的主要表现手法。

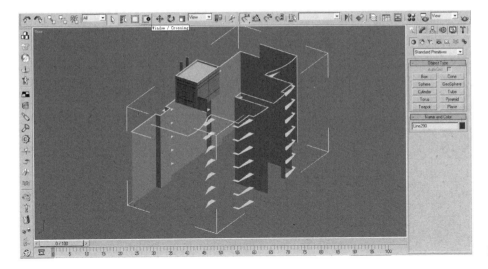

图 1-92

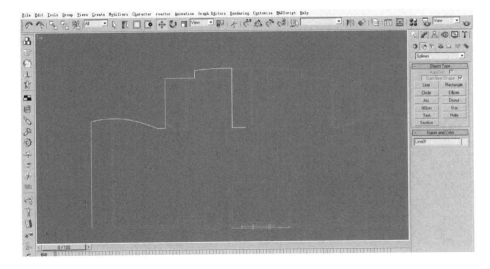

图 1-93

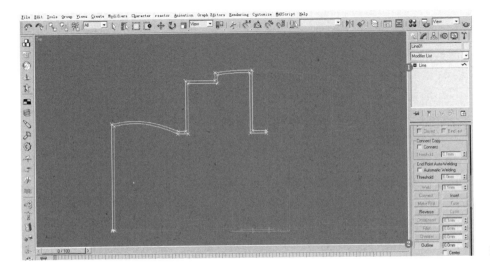

图 1-94

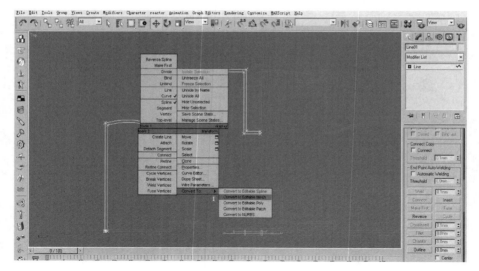

图 1—95

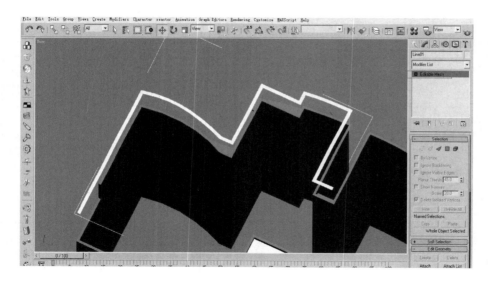

图 1—96

## 3.2 建筑配景的制作

(1) Tree storm 基本参数

1) 该插件安装很简单，直接将 Tree storm.dlo 文件拷贝到 MAX 的 pluqins 文件包下即可。启动 3DMAX，在创建面板下可以看 Tree storm，如图 1—97 所示。点击 "Object Type" 卷展栏下的【Tree】按钮，就可以在场景中建立树木了。

2) "Object Type" 卷展栏下，如果勾选 "Auto Grid" 复选框，就可以在凹凸不平的洼地式山地建立树木。这时场景中有坐标轴始终跟着鼠标移动，当移动到圆形面上时，发现坐标轴总是垂直于当前表面，符合每一个法线的方向，如图 1—98 所示。单击鼠标左键就可以在这个球面上建立一棵与球面法线同向的树木，如图 1—99 所示。

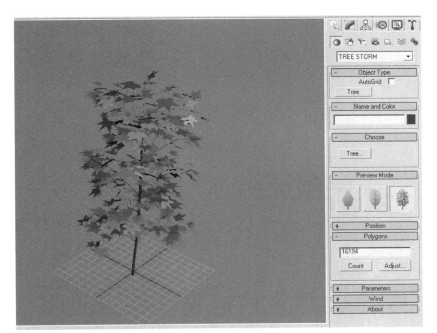

图 1—97

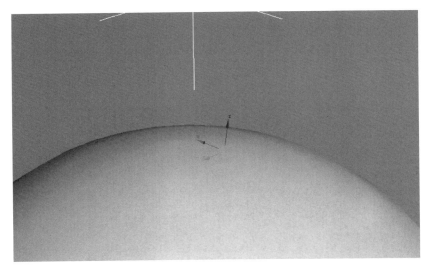

图 1—98

图 1—99

3）"Choose"卷展栏中【Tree】按钮是用来选择不同的树木类别的。点击打开对话框可以来选择树库中的文件，选用不同的树木类型。

4）Preview Mode卷展栏如图1-100所示，三个按钮是控制树木在视图中如何显示的。低网格面数占用电脑资源较少，运转流畅，反之影响运转速度，但实时预览效果较好。但无论用哪种方式显示，渲染结果是一样的，如图1-101所示。

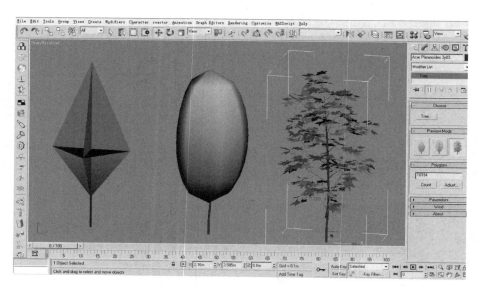

图 1-100

图 1-101

5）"Position"卷展栏是运用三维空间坐标来精确控制树木创建的位置。

6）"Polygons"卷展栏，这个模块主要是用来调节树形的，点击【Count】按钮来计算单棵树的面数。点击【Adjust】按钮可以打开"TREE STORM-Adjust Polygons"控制面板。

这个面数是该插件的核心，如图1-102所示。

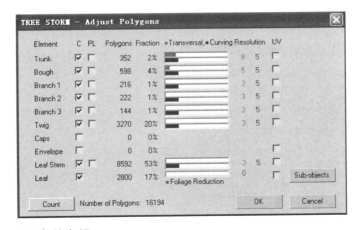

图 1—102

（2）相关参数介绍：

1）Element：元素、各个树的部分。

2）Trunk：主干、树的主干部分。

3）Bough：主要枝干，从主干上发出的树枝。

4）Bough1/2/3：树主枝上的一、二、三级分枝。

5）Twig：最后一级树枝。

6）Caps：封盖。树枝末端是否封闭就取决于 Caps 是否勾选。

7）Envelope：封套。该树木占有的空间，勾选后可以在渲染时显示出来，如图 1—103 所示。

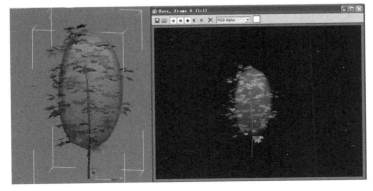

图 1—103

8）Leaf stern：叶茎就是指树叶的柄，勾选就有叶柄显示，否则就没有叶柄。图 1—104 所示就是两者的对比。

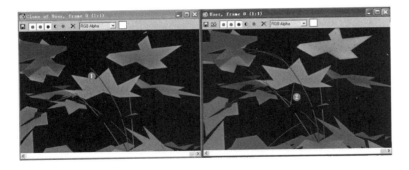

图 1—104

9) Leaf：树叶是否勾选决定了树上有无树叶，如图 1-105 所示。

图 1-105

如图 1-106 所示，"C"对应下面的复选框，如果勾选树的各个对应项就可以在场景显示出来，否则就没有，渲染亦然。"PL"对应下面的复选框，如果勾选树的各个对应部分则以没有厚度的方式显示。这个选项决定树的面数，并且影响非常大。下面还有一些参数如：

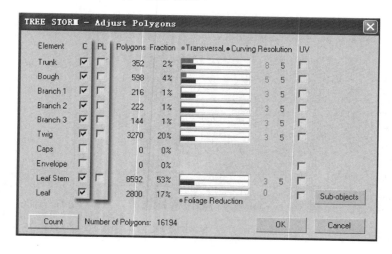

图 1-106

10) Polygons：组成树的各个部位的多边形数。

11) Fraction：各部分多边形树总的百分比。

12) Transversal：红色代表面精度、用鼠标左键即可拖动。如图 1-107 所示两种为精度 8 和 3 的主干形态。

13) Curving Resolution：蓝色代表弯曲程度，树枝的弯曲圆滑度。

14) Folicege Reduction：树叶的缩减量。该值越大，树叶数量越少。如图 1-108 所示为值 0 和 50 时不同树叶显示。

(3) 树木的 UV 贴图

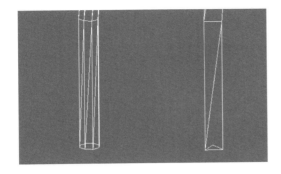

图 1-107

图 1-108

1）树木的形状通过上节的介绍已经掌握，随之而来的是材质问题，它决定了一棵树最终的效果。

如图 1-109 所示，UV 下面勾选下列选项后，场景中树木、树干、树枝贴图就消失了，如图 1-110 所示。

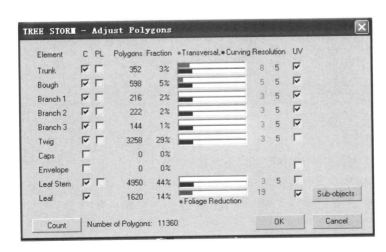

图 1-109

图 1—110

2）打开贴图面板，用"Pick Material from object"工具吸取树的贴图材质，相应的材质球显示该树用〈Multi/sub—object〉类型，子材质数量达到 18 个，如图 1—111 所示。

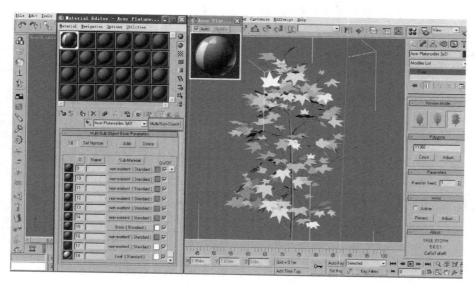

图 1—111

3）在贴图面板中点击"Material/Map Navigator"工具，打开"Material/Map Navigator"面板，可以清晰地看 18 个子材质对应的物体。

4）这里以树叶的贴图为例讲解子材质的贴图，点击 18 号子材质，在"Maps"卷展栏下〈Diffuse color〉通道上贴绿叶图片，在〈Opacity〉通道上贴黑白蒙版图片，如图 1—112 所示。

图 1—112

渲染后的效果如图 1—113 所示，这样的方式可以把其后的部分分别贴上相应的材质。

图 1—113

## 思考题与习题

（1）思考如何更好地把 CAD 图纸导入并对齐放置在合理的位置？

（2）依据课外实训项目资料制作建筑模型。

# 2

## 模块二　建筑渲染材质制作

**【知识点】**

建筑模型贴材质知识；建筑渲染知识；建筑场景色调知识；特殊环境制作知识。

**【学习目标】**

通过项目活动，学生能够掌握通过建筑材质与渲染的技术，根据动画要求制作场景效果（雨、雪、秋天落叶等），以此完成动画场景效果制作。

# 项目一 常规材质贴图制作

## 1 学习目标

- 掌握基本线框材质的制作；
- 掌握砖、石材质制作技巧。

## 2 相关知识

### 2.1 材质及类型

（1）材质及类型就是指分配给场景中对象的表面数据。被指定了材质的对象在渲染后，将表现特定的颜色、反光度和透明度等外表特性。这样对象看起来就比较真实、多姿多彩。其表面具有光泽或暗淡、能够反射或折射光以及透明或半透明等特征，主要用于描述物体如何反射和传播光线，它包含基本材质属性和贴图，在现实中表现为对象自己独特的外观特色。它们可以是平滑的、粗糙的、有光泽的、暗淡的、发光的、反射的、折射的、透明的、半透明的等。

（2）混合材质，其原理是将两种不同的材质通过混合数量或者蒙版混合到一起。混合材质可以使用标准作为子材质，同样也可以使用其他材质类型作为子材质，并且可以制作材质变形动画。通过混合数量原理根据该数量控制两种材质表现出的强度，并且可以制作成材质变形动画。而通过蒙版混合的原理指定一张图像作为混合的遮罩，利用它本身的明暗来决定两种材质混合的程度。

（3）合成材质，合成材质的原理是通过层级的方式进行材质的叠加，以实现更加丰富的材质效果。材质的叠加顺序是从上到下的，可以合成 10 种材质，叠加时的合成方式有 3 种：递增性不透明、递减性不透明以及混合复合方式，分别用 A、S 和 M 来表示。

（4）多维／子对象材质，是一种非常有用的材质类型，它有两种用途：将材质分配给一个物体的多个元素或分配给多个物体。如果想让多个物体使用不同的材质，例如制作一堆散落在地上的石头，首先要为它们指定同一多维／子对象材质，设置几个稍微有差异的子材质，然后为每个石头设定材质修改器，将它们设置为不同的 ID 号，这样就可以制作出略有差异的石头材质了。如果想在一个物体的不同部分使用不同的材质，需要为不同的部分分配不同的 ID，然后为物体赋予多维／子对象材质，这样系统就会把各个子材质分配给物体对应的 ID 了，可以参看图中卡通蝙蝠的材质，多维／子对象材质默认有 10 个材质，但是最多可以设置 1000 个。

（5）标准材质中的双面参数可以让对象的双面都被渲染，但是渲染后对象的两个面是一样的。而双面材质可以为对象的内外表面分别指定两种不同的材质，并且可以控制它们的透明度。这种材质类型一般用于比较薄或者在场景中可以被忽略厚度的对象，例如纸张、布料、纸牌、明信片或者一些容器。

（6）光线跟踪材质是一种比标准材质更高级的材质类型，它不仅包括了标准材质具备的全部特性，还可以创建真实的反射和折射效果。

## 2.2 材质贴图

（1）不同的材质，例如金属、塑料、木材和石头等，它们在灯光照射下的反光是不同的。根据反光的强度可将对象表面分为三个区域：Ambient、Diffuse、Specular。金属材质的 Specular 区亮度高，区域小；石头材质的 Specular 区亮度低，区域大。对于更为复杂的材质，如木纹、花纹等，就使用了贴图技术。贴图是将一幅图像贴在对象的表面上，并以这种方式模拟真实的效果。一个对象可以使用多种贴图类型。例如，Bump 贴图用来表现对象表面的凹凸不平效果，Reflection 贴图用来表现对象的反光效果。

（2）为了更好地编辑材质，可以在材质中加入多种贴图，加入贴图是为了更好地表现材质。值得注意的是，关于材质与贴图的关系，一般认为贴图是材质的次级。

# 3 项目单元

## 3.1 线框材质

（1）如何制作一个线框渲染效果

单击工具栏渲染按钮打开材质编辑器，如图 2—1 所示。

选中一个材质球赋给场景中的茶壶物体，勾选"WIRE"选项，即为线框材质。注意此时视图中的物体已经呈线框显示，如图 2—2 所示。

（2）渲染视图，可以看到渲染出的线框材质效果，还可以在此输入栏中通过数值设置线的宽度，渲染视图，可以看到效果。

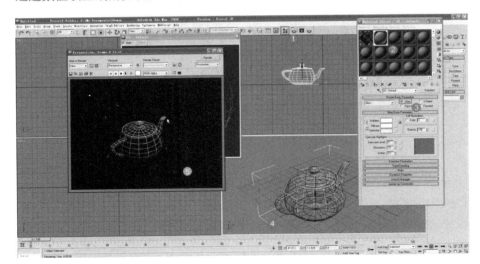

图 2—1

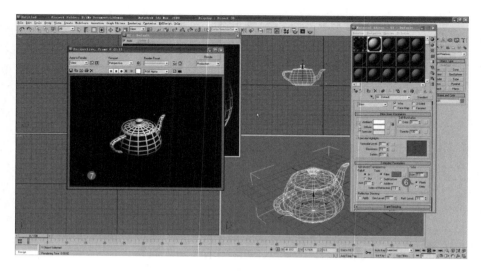

图 2—2

## 3.2　金属材质

（1）双击该材质球，弹出一个大的材质球，也可以调整该框的大小，在该按钮处贴上一个模拟金属质感的材质。注意在反射通道中也需要贴上同样的金属材质的贴图，这里采用关联拷贝贴图的方式拷贝至反射通道中即可，如图 2—3 所示。

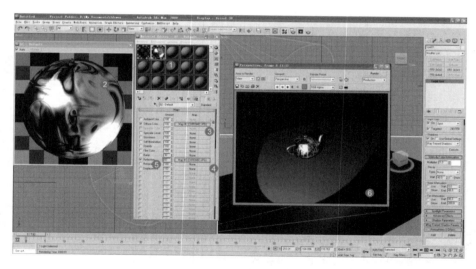

图 2—3

这里需要将系数调大一些，加强反射效果的表达，渲染场景物体，看到金属材质效果。

（2）现在感觉金属表面纹理太严重，需要弱化这种感觉，进入"Diffuse Color"材质通道层级，注意该项控制的是贴图的模糊值。这一项是模糊偏移值，这里改为 0.04。可以看到材质球纹理的变化。渲染场景，可以看到茶壶物体的表面纹理感弱了很多，如图 2—4 所示。

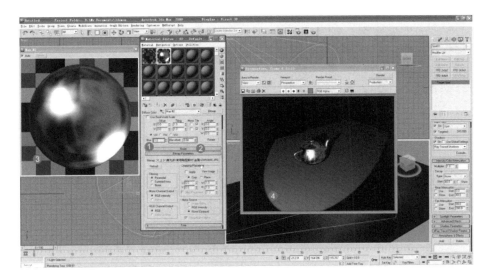

图 2—4

(3) 这时也可以更改一下纹理的图案大小。单击"Apply"旁的"View Image"按钮，弹出调整材质大小对话框，注意调整材质调整框的范围，注意此时材质并无变化。关闭调整材质大小对话框，勾选"Apply"选项。这时发现材质球发生了变化，渲染视图，看到纹理效果弱了很多，如图 2—5 所示。

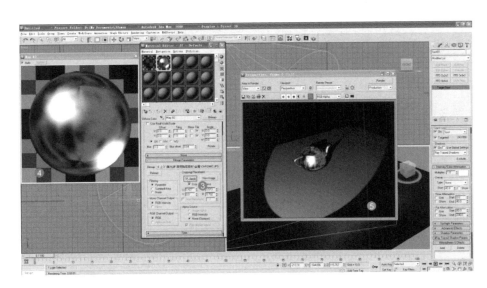

图 2—5

(4) 进一步加强金属质感表现，削弱纹理效果，加强模糊偏移值，渲染视图，看到金属质感已经更好了，如图 2—6 所示。

(5) 这里再调低"Diffuse Color"材质通道下材质强度系数。渲染视图，看到所产生的模仿金属材质质感的茶壶效果，如图 2—7 所示。

注：这里之所以给出不断调整的过程来，旨在告诉大家一种制作的习惯和流程，这是一个不断尝试、解决问题的过程，故而参数都是相对的，而知道往哪个方向去调整才是最重要的。

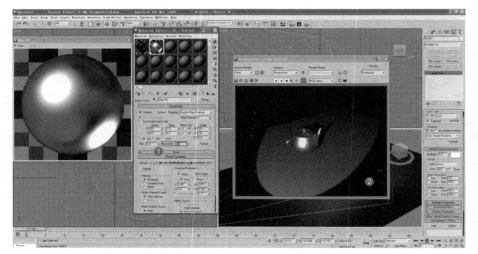

图 2-6

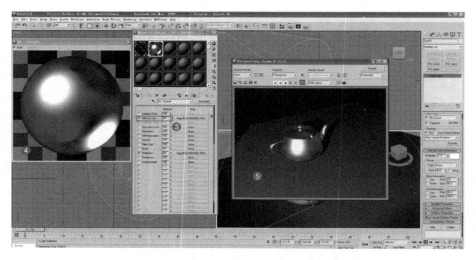

图 2-7

### 3.3 砖墙材质

（1）选中一个材质球，给材质球"Diffuse Color"材质通道下一个砖墙的材质，注意材质球的显示效果，渲染，看到砖墙效果已经出现，如图 2-8 所示。

（2）发现高光有些不像砖墙产生的高光，就需要调整该值，先降低其受光强度，提高该值减小高光范围，注意到材质球看上去效果比较平和了。渲染视图，效果更加接近砖墙材质，如图 2-9 所示。

（3）再来制作凹凸感很强的砖墙。同样给 Bump 凹凸贴图通道贴上一个砖墙的材质，尤其注意要给它一个很大的材质通道强度值，这里输入 500，体现很强的凹凸效果，如图 2-10 所示。

注意材质球的变化，凹凸感已经非常强了，渲染视图，看到材质效果，这种材质适合表现强调石材质感的材质效果或表现比较完整的材质效果，如图 2-11 所示。

图 2—8

图 2—9

图 2—10

　　注：通过凹凸通道材质的处理，材质质感发生了很大的变化，这也是希　　图2—11
望大家能够对这些材质通道都有一个清楚的认识，在本教材配套教学资源中，
对这些重点材质通道都有介绍，大家可以多体会学习。

# 项目二　特殊天气建筑材质与渲染制作

## 1　学习目标

● 掌握水面材质的制作；
● 掌握建筑物地面材质的渲染技巧；
● 掌握球天材质制作渲染技巧。

## 2　相关知识

### 2.1　Bump 贴图

（1）该贴图通道使几何对象产生突起的效果。该贴图通道的"Amount"区域设定的数值可以是正的，也可以是负的。利用这个贴图通道可以方便地模拟岩石表面的凹凸效果，这里模拟水面涟漪的凹凸效果。

（2）这个贴图适合于模拟表面凹凸不平的视觉效果，如制作建筑外墙、水面、生锈的金属面等。

### 2.2　Noise（噪波）

（1）此修改工具可对对象表面的顶点进行随机变动，使表面变得起伏而不规则。它常用于制作复杂的地形和地面，也常常指定给对象以产生不规则的造型，如石块、云团和皱纸等。它还自带有动画噪波设置，只要打开它，就可以产生连续的噪波动画。

（2）用来设置噪波的参数如下：

1）Seed（种子数）：设置随机数以产生不雷同的效果。

2）Scale（量度）：用来控制噪波影响效果的大小，并不是强度的大小。量度值越大，噪波越光滑；量度值较小时，会产生锯齿状的噪波。

3）Fractal（分形）:选中该复选框打开分形设置，以极端噪波进行数字化处理。

4）Roughness（粗糙度）：设置噪波分形的粗糙程度。

5）Iterations（重复）：设置粗糙的重复次数，值越大，越粗糙。

6）Strength（强度）：设置三个轴向上噪波的强度。

7）Animation（动画）选项组用于设置动态噪波效果。

8）Animate Noise（动画噪波）：打开动态噪波设置开关。

9）Frequency（频率）：设置噪波振动的频率。

10）Phase（相位）：设置噪波波形的偏移量。

### 2.3　Raytrace 贴图

（1）光线追踪是渲染的一种形式，它计算从屏幕到场景灯光的光线。

"Raytrace"材质利用了这点，允许添加一些其他特性，如发光度、额外的光、半透明和荧光。它也支持高级透明参数，如雾和颜色密度等。

（2）光线追踪材质提供了7种明暗器，它们与标准类型材质中的相似。

1）Ambient（环境）：与标准材质不同，此处的阴影色将决定光线追踪材质吸收环境光的多少。

2）Reflect（反射）：决定物体高光反射的颜色。如果背景颜色为黄色，反射颜色为红色，则对象的反射颜色是橙色的。

3）Luminosity（发光度）：依据自身颜色来规定发光的颜色，同标准材质中的自发光相似。

4）Transparency（透明度）：光线追踪材质通过颜色过滤表现出的颜色。黑色为完全不透明，白色为完全透明。

5）Index Of Refractive（折射率）：决定材质折射率的强度。准确调节该数值能真实反映物体对光线折射的不同折射率。值为1时，表示空气的折射率；值为1.5时，是玻璃的折射率；值小于1时，对象沿着它的边界进行折射。

6）Environment（环境贴图）：选中时，将使用场景中设置的环境贴图；未选中时，将为场景中的物体指定一个虚拟的环境贴图，这会忽略掉在"Environment"对话框中设置的环境贴图。

7）Bump（凹凸贴图）：设置材质的凹凸贴图，与标准类型材质中"Maps"卷展栏中的"Bump"贴图相同。

# 3 项目单元

## 3.1 水面材质

（1）选中一个材质球，在"Bump"贴图通道下添加一个"Noise"材质类型，如图2-12所示。

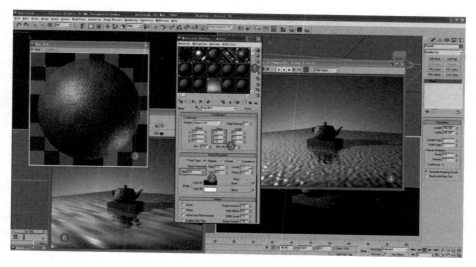

图2-12

（2）调整该值，这个数值控制着水的波纹大小，可以注意到材质球的变化，渲染场景，可以看到波纹产生的反射效果，当然，在"Reflection"材质通道中还需要添加"Raytrace"的材质类型调整这一部分的参数，可以控制波纹的走向。渲染视图，可以看到水纹的感觉更加真实了。

## 3.2 雨景效果

（1）先来学习复合材质的贴法和作用。打开要进行制作的场景文件，如图2—13所示，注意场景中的概念人物模型是用了一个材质完成的。单击 按钮调出该材质。弹出场景材质对话框，在左边"Scene"选项下，选择材质球。注意这里采用的是"Multi/Sub-Object"材质，即复合材质类型，这里是材质的种类，该物体采用了四种材质复合而成。注意，这里可以单独调整各项材质的参数和贴图等，本教材配套资源中对该种类型贴图有详细的讲解和示例，大家可以多体会学习。

（2）给玻璃添加下雨后水的纹路的效果，如图2—14所示，单击 Standard 按钮，弹出"Material/Map Browser"对话框，选择"Blend"选项，单击【OK】按钮。

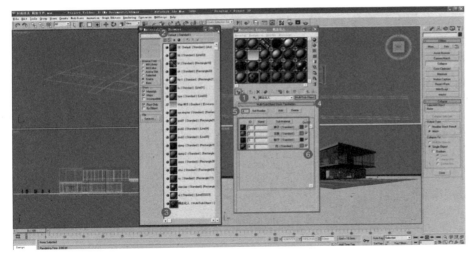

图 2—13

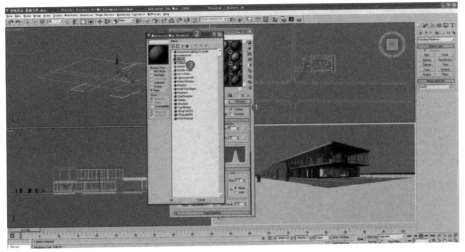

图 2—14

弹出是否需要替换贴图的对话框，选择该选
项，使原先的玻璃材质作为子层级材质，如
图 2-15 所示单击"OK"按钮。进入 ACDSEE
软件，选中光盘目录下给大家提供的一张黑
白混合贴图如图 2-16 所示，按 Alt+Tab 组
合键，切换窗口进入 3DSMAX 软件，拖曳该

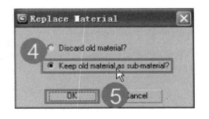

图 2-15

材质到这个按钮上释放。这样，就将这个黑白贴图作为了遮罩贴图赋给了该材
质。可以看到材质球上，玻璃的部分有了杂质的感觉，如图 2-17 所示。

　　(3) 为了加强效果，可以给玻璃材质的子层级上添加该杂质纹理，在"Diffuse
Color"贴图通道中添加一个刚才的黑白效果的贴图。注意调整物体的 UVW 贴
图坐标，这里采用 Box 的方式。单击 Fit 按钮，使贴图完全匹配整个玻璃物体，
如图 2-18 所示。

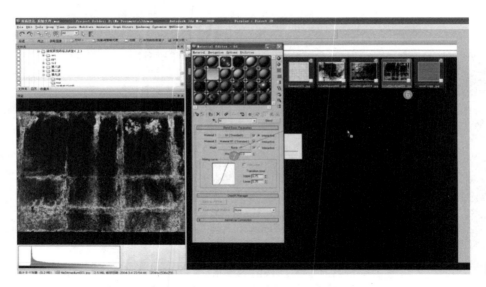

图 2-16

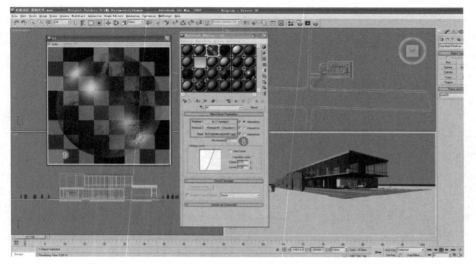

图 2-17

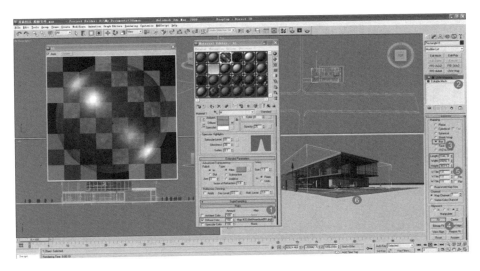

图 2-18

　　这里就自动匹配了坐标值。可以看到场景中也有了贴图坐标的显示效果。
渲染场景，看到玻璃上面出现了雨产生的水纹效果，如图 2-19 所示。

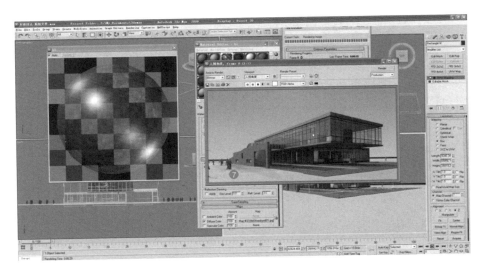

图 2-19

　　根据笔者的经验："Blend"贴图是一种非常常用的较为复杂的贴图类型，
它是利用一张黑白贴图将两种材质按照该黑白贴图的分布进行融合的一种贴图
方式。适合于制作玻璃退晕效果、雨景地面、雪景地面等材质效果，利用这种
贴图往往可以做出结合非常自然真实的效果，希望大家认真掌握。

### 3.3　地面材质

　　(1) 注意控制石材地面的光感参数控制，在漫散色贴图通道中贴上地面的
贴图，给凹凸贴图通道中给同样的贴图增强肌理感，时刻注意调整过程中材质
球的变化，如图 2-20 所示。

　　(2) 调整木质墙面的参数，如图 2-21 所示。

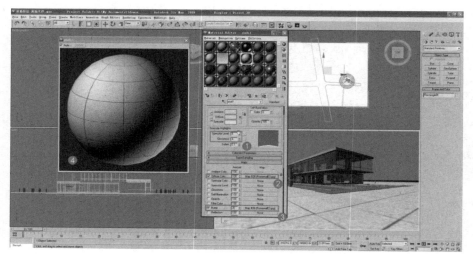

图 2—20

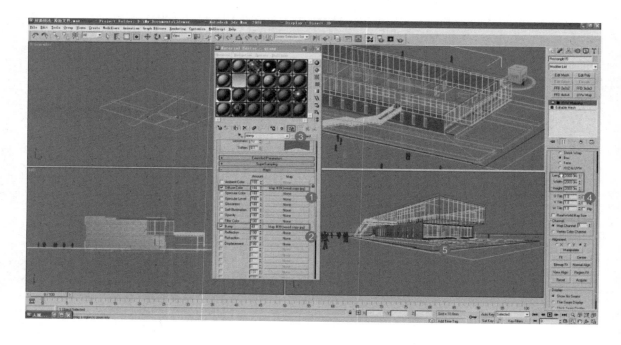

图 2—21

（3）添加一个木纹的材质贴图，凹凸中也关联拷贝一个，注意强度值的控制，单击  按钮，使其处于激活状态，设置贴图坐标的大小。可以看到场景中，材质也即时赋在了物体上，这时采用的是＂Shade Select＂的显示方式，也就是只实体显示被选中物体。

（4）再来制作凹凸感较强烈的这一面石材墙面的材质，如图 2—22 所示。

（5）同样的，需要在漫散色贴图通道中给它贴一个石材材质，凹凸通道中关联拷贝，并且注意强度值要适当高一些，以增强凹凸肌理感。可以看到材质球的凹凸感，注意调整贴图坐标，采用＂Box＂的方式，如图 2—23 所示。输入长、宽、高三个方向的贴图坐标值，看到实体显示的贴图坐标情况。

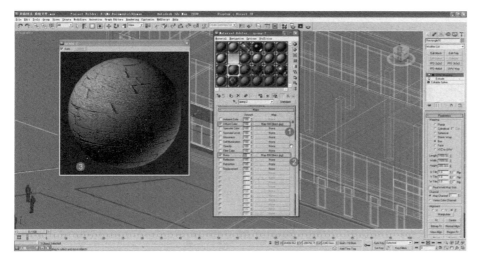

图 2—22

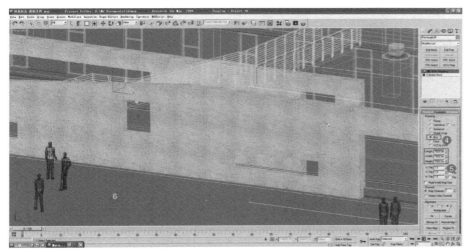

图 2—23

## 3.4 水面效果

如图 2—24 所示。利用前面讲过的方法，在凹凸通道中先加入"Noise"贴图方式，在反射通道中加入"Raytrace"的贴图方式，渲染视图，如图 2—25 所示，可以看到整体的一个效果。

## 3.5 制作球天

（1）创建一个球体，如图 2—26 所示。注意该球将整个场景都包含住，对球形物体进行"Edit Mesh"编辑，如图 2—27 所示。

（2）单击■按钮进行面的编辑，选中球体的下半部分，删除，然后将上半部分全部选中，单击 Flip

图 2—24

图 2—25

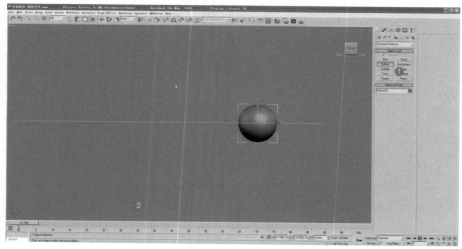

图 2—26

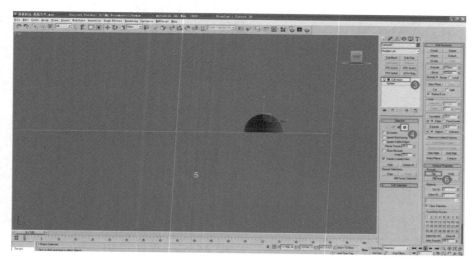

图 2—27

按钮进行法线反转。这样，球天物体就被创建出来了，从摄像机视图看，看到的是球体的内表面，我们也是利用这个面来模拟天空的表面效果，如图 2-28 所示。

图 2-28

（3）下面要来为球天物体贴上天空的材质，如图 2-29 所示。选择一个阴天效果的天空材质贴在漫散色贴图通道中，关联拷贝该贴图到自发光贴图通道中。进行"UVW Map"坐标设置，在这里，选择该项贴图模式，即圆柱围绕型的贴图方式，为了在场景中看清贴图效果，通常要将该项数值设为 100，在摄像机视图中可以看到球天贴图的材质效果。

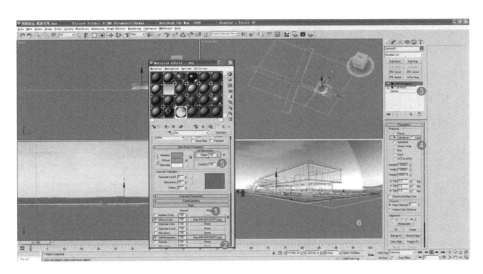

图 2-29

（4）单击该项编辑命令，使其处于激活状态，也就是呈黄色显示，如图 2-30 所示。在"Front"视图中调整其位置，同时注意观察摄像机视图中的球天效果。渲染场景，可以看到球天效果很好地融合到了整个场景中，如图 2-31 所示。

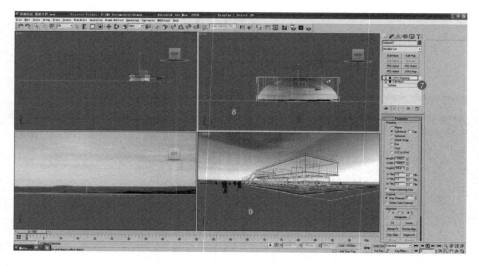

图 2—30

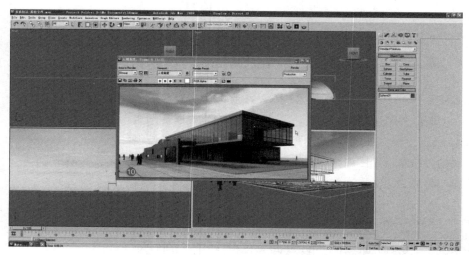

图 2—31

（5）现在的天空还不够暗，下一步来使天空效果更加昏暗一些，更适合雨天的氛围，如图 2—32 所示。

（6）展开"Output"卷展栏，勾选该选项，从而激活材质色彩调整。这里选择 RGB 调整，这样可以调整贴图的色彩倾向。在该框中注意调整红、绿、蓝三种色彩的强弱，从而达到我们想要的效果。这里，我们希望天空能稍微偏冷一些，材质球也相应有了变化。

根据笔者经验："球天"这种技法是很常见的制作天空背景的方法，通过贴图，使得场景物体完全被天空包围，从而作为整体的背景。这样做的好处在于，能够模拟出真实的环境，在我们要制作玻璃或水面等反射强度高的材质时，能够很真实地反映出环境的效果，如图 2—33 所示。

（7）最后，加强地面雨景中的效果表现是同样的，这里采用"Blend"材质，如图 2—34 所示。

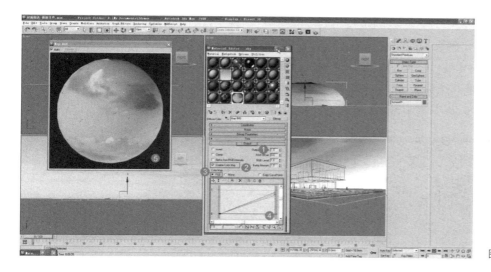

图 2—32

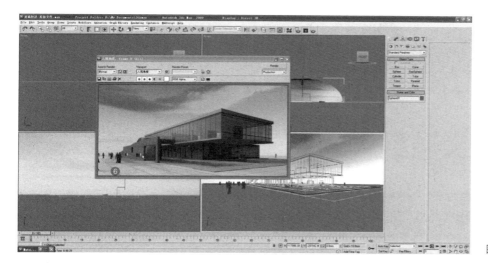

图 2—33

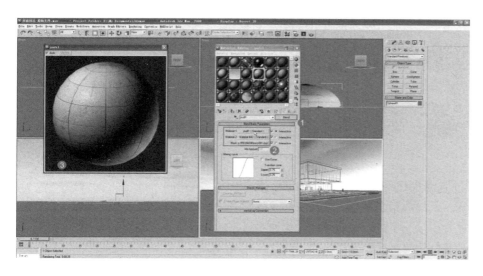

图 2—34

注意"Mask"层级下材质控制着"Material 1"和"Material 2"两个材质的分布。注意材质球的效果，这时发现地面上有了些杂质的感觉，如图2-35所示。先将"Material 1"材质和"Material 2"材质使用同一种铺地材质。再单独编辑"Material 2"材质，使其模拟地面积水的效果，减弱材质纹理的效果，改为50的强度，有一点凹凸效果。特别注意这里要加入"Raytrace"的反射效果。

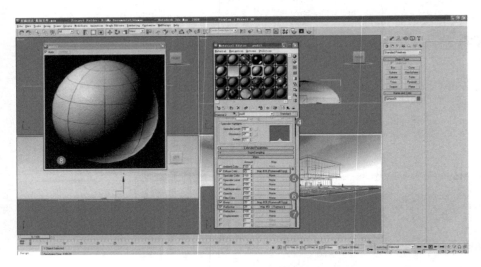

图2-35

这时注意材质球，它会产生部分反射部分铺地的效果，也就是一种湿漉漉的效果渲染视图，如图2-36所示。可以看到地面产生了一部分地面干，一部分地面湿的模拟雨景积水的效果。

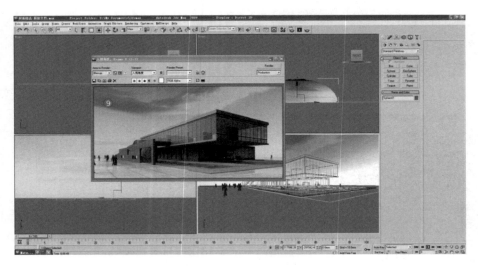

图2-36

根据笔者经验：通过地面材质的设置，相信大家对"Blend"材质有了一个更深刻的认识。对于这种材质类型来说，往往找到一张合适的黑白贴图是最为关键的，我们给大家提供了一些，但是还需要大家通过日常的观察多去积累一些，从而能够更好地模拟更多的场景效果。

最后，简单制作一个粒子的雨效，完成整个雨景效果的表现，如图 2—37、图 2—38 所示。

图 2—37

图 2—38

## 思考题与习题

（1）思考如何制作雪景效果？

（2）依据模块二课外实训项目资料制作下雪的场景。

# 3

## 模块三　灯光渲染设计制作

**【知识点】**

　　全局光知识；建筑日景灯光知识；建筑场黄昏与夜景灯光知识；特殊景色制作知识。

**【学习目标】**

　　通过项目活动，学生能够掌握通过建筑灯光与渲染的技术，根据动画要求制作不同时间、季节场景效果（日景、夜景、雨、雪等），以此完成动画场景效果制作。

# 项目一　白昼与阴天灯光设置

## 1　学习目标

- 理解灯光的类型和参数设置；
- 掌握白昼时的灯光设置方法；
- 掌握阴天时的灯光设置方法。

## 2　相关知识

### 2.1　灯光制作

（1）Max 灯光的参数不多，此处不作为重点。但是一幅好的作品灯光是非常重要的，也可以说"光"是一幅好作品的灵魂。在打灯光之前先确定场景的基调和气氛，表达出怎样的感情，是否有特殊光照的效果。为了产生真实的 3D 图像，布光是很重要的，在我们的现实生活中所有的物体都会有反射光，每个物体受光后都会吸收一部分光线而将另外一部分光线反射出去，在 Max 里面我们要手动去模拟。使用彩色的光线也是很重要的，所有的光线都有一个颜色，并非纯白。

（2）在"Object Type"卷展栏中单击要创建的灯光类型。在要创建灯光的视图中适当的位置单击鼠标左键就可以创建一个灯光，对于目标聚光灯和目标有向光灯还要拖动鼠标，释放鼠标的位置为灯光的目标点（Target）。创建灯光后，可以使用对象变换对灯光进行移动、旋转和缩放等操作，以满足场景的需求。

### 2.2　V-RAY 渲染器

（1）V-Ray 渲染器是由 Chaosgroup 和 Asgvis 公司出品，中国由曼恒公司负责推广的一款高质量渲染软件。V-Ray 是目前业界最受欢迎的渲染引擎。基于 V-Ray 内核开发的有 V-Ray for 3ds max、Maya、SketchUp、Rhino 等诸多版本，为不同领域的优秀 3D 建模软件提供了高质量的图片和动画渲染。除此之外，V-Ray 也可以提供单独的渲染程序，方便使用者渲染各种图片。V-Ray 渲染器提供了一种特殊的材质——VrayMtl。在场景中使用该材质能够获得更加准确的物理照明（光能分布），更快的渲染，反射和折射参数调节更方便。使用 VrayMtl，操作者可以应用不同的纹理贴图，控制其反射和折射，增加凹凸贴图和置换贴图，强制直接全局照明计算，选择用于材质的 BRDF。

（2）V-Ray 渲染器：这是渲染建筑常用的渲染器，也是功能比较强大的渲染插件之一。在场景中设置主光根据场景及相机位置设置模拟太阳光的主光，角度通常垂直相机角度，高度自行掌握，这主要是考虑明暗对比效果。

## 2.3 光线分析

日景主光偏暖，环境光偏冷；阴天，主光偏灰，环境光偏蓝灰。

# 3 项目单元

## 3.1 灯光参数设置

（1）在创建面板 / 创建灯光面板中，可以创建五种类型的灯光。

Target Spot：目标式聚光灯。创建方式与创建摄像机的方式非常类似。目标聚光灯除了有一个起始点以外还有一个目标点。起始点表明灯光所在位置，而目标点则指向希望得到照明的物体。用来模拟的典型例子是手电筒、灯罩为锥形的台灯、舞台上的追光灯、军队的探照灯、从窗外投入室内的光线等照明效果。可以在正交视图（即二维视图如顶视图等）中分别移动起始点与目标点的位置来得到满意的效果，如图 3—1 所示。起始点与目标点的连线应该指向希望得到该灯光照明的物体。检查照明效果的一个好办法就是把当前视图转化为灯光视图（对除了泛光灯之外的灯光都很实用），如图 3—2 所示。办法是用

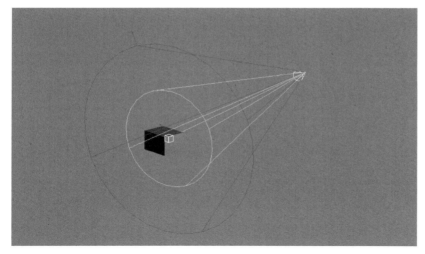

图 3—1

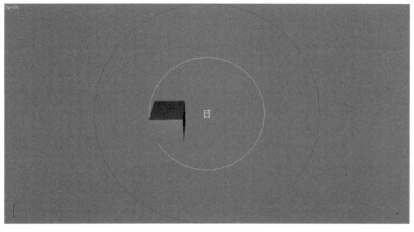

图 3—2

右键点击当前视窗的标记，在弹出菜单中选择"VIEWS"，找到想要的灯光名称即可。一旦当前视图变成灯光视图，则视窗导航系统上的图标也相应变成可以调整灯光的图标如旋转灯光、平移灯光等。这对我们检查灯光照明效果有很大的作用。灯光调整好了可以再切换回原来的视图。

(2) Free Spot ：自由式聚光灯。与目标式聚光灯不同的是，自由式聚光灯没有目标物体，如图3-3所示。它依靠自身的旋转来照亮空间或物体。其他属性与目标式聚光灯完全相同。如果要使灯光沿着路径运动（甚至在运动中倾斜），或依靠其他物体带动它的运动，请使用自由式聚光灯而不是目标式聚光灯。通常可以连接到摄像机上来始终照亮摄像机视野中的物体（如漫游动画）。如果要模拟矿工头盔上的顶灯，用自由式聚光灯更方便。只要把顶灯连接到头盔上，就可以方便地模拟头灯随着头部运动的照明效果。调整自由式聚光灯的最重要手段是移动与旋转。如果沿着路径运动，往往更需要用旋转的手段调整灯光的照明方向。

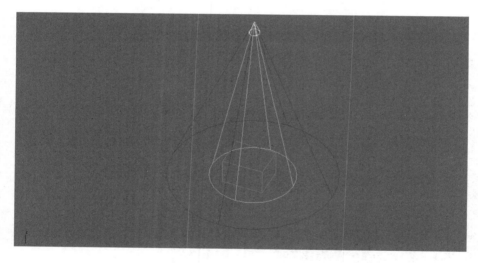

图 3-3

(3) Target Direct：目标式平行光。起始点代表灯光的位置，而目标点指向所需照亮的物体，如图3-4所示。与聚光灯不同，平行光中的光线是平行的而不是呈圆锥形发散的，可以模拟日光或其他平行光。

(4) Free Direct：自由式平行光。用于漫游动画或连接到其他物体上。可用移动、旋转的手段调整灯光的位置与照明方向，如图3-5所示。

(5) Omni：泛光灯。泛光灯属于点状光源，向四面八方投射光线，而且没有明确的目标。泛光灯的应用非常广泛。如果要照亮更多的物体，请把灯光位置调得更远。由于泛光灯不适合于凸显主题，所以通常作为补光来模拟环境光的漫反射效果，如图3-6所示。

不管是哪一种灯光，创建时都有6个极其类似卷帘，例如聚光灯的6个卷帘："NAME AND COLOR"名字与颜色卷帘。操作时可以把灯光默认的名称改成容易辨认的名称。如果该灯是用来模拟烛光照明的，也可以把它改名

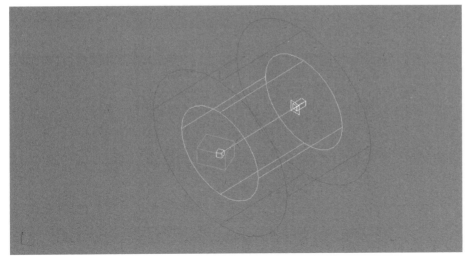

图 3-4

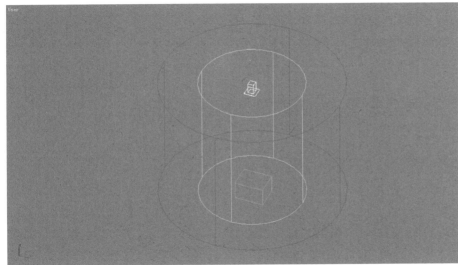

图 3-5

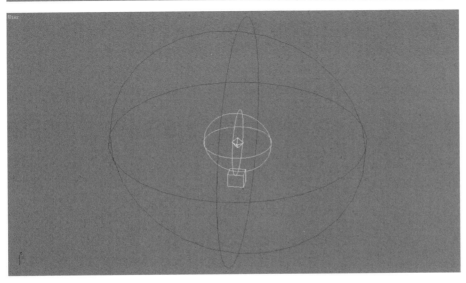

图 3-6

为"烛光"。否则灯光一旦建得多了难以分辨而带来麻烦降低工作效率。笔者强烈建议大家养成给"MAX"物体改名称的好习惯。颜色跟其他物体不一样，既不代表灯光的光色（如发红光的灯的颜色并不在此调整），也不表示视窗中灯光图标的颜色。

（6）"General·Parameters"和下面的参数卷展帘可以设置灯光的颜色、亮度、类型等参数。各种灯光的设置比较如图 3-7 所示。

图 3-7

## 3.2 日景灯光制作

（1）本节将通过一汽大众 4S 店建筑，讲解日景灯光的制作流程。

前期准备工作：项目模型的建筑模型检查。

1）提前拿到模型，确认建筑模型无误，没有共面和没对齐的地方，如图 3-8 所示。

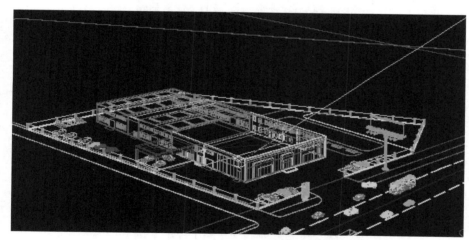

图 3-8

2）赋予建筑材质，将模型的材质——赋予，确保每个模型都有材质，如图 3-9 所示。

（2）设置渲染器

选择 V-RAY 渲染器，这是渲染建筑常用的渲染器，如图 3-10 所示。在场景中设置主光根据场景及相机位置设置模拟太阳光的主光，角度通常垂直相机角度，高度自行掌握。这主

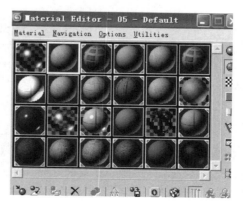

图 3-9

要是考虑明暗对比效果，如图 3—11 所示。

　　设置灯光参数，首先选择灯光形式，如图 3—12 所示。选择阴影形式，这里要设置灯光的阴影，勾选即可，如图 3—13 所示，因为渲染器选择 V—RAY，所以灯光阴影的形式应与之匹配。

　　根据测试，最终确定灯光颜色与强度，这个过程中经验非常重要，因为灯光多少，排列密度不同，灯光的强度参数也多不相同，并且灯光小的变化对场景都有很明确的影响，如图 3—14 所示。设置灯的光圈的大小，一般让光圈

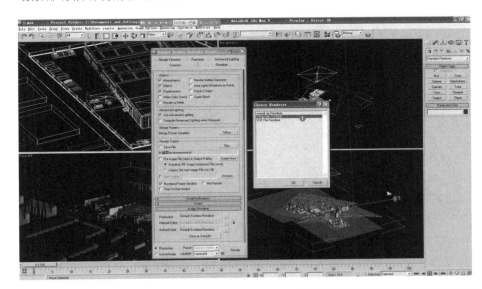

图 3—10

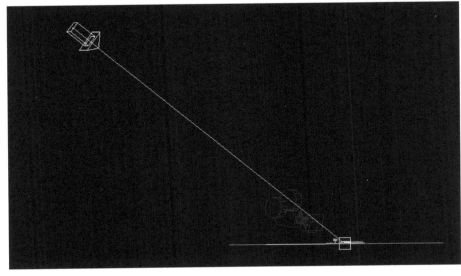

图 3—11

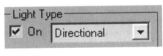

图 3—12

图 3—13

的最外圈涵盖全部场景，如图 3—15 所示，这样确保照亮整个场景。

(3) 设置渲染面板，进入 V—Ray 渲染面板，如图 3—16 所示。首先进入环境设计面板，打开环境光调整环境色和环境光强度，模拟现实中的环境光，如图 3—17 所示。

图 3—14

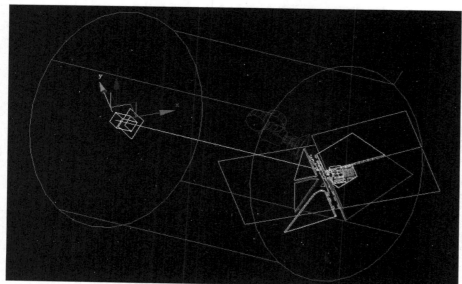

图 3—15

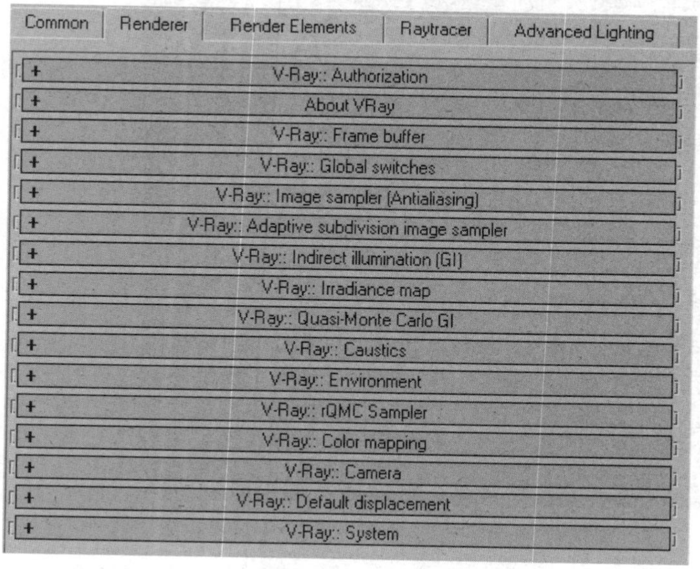

| Common | Renderer | Render Elements | Raytracer | Advanced Lighting |
|---|---|---|---|---|

| + | V-Ray:: Authorization |
|---|---|
| + | About VRay |
| + | V-Ray:: Frame buffer |
| + | V-Ray:: Global switches |
| + | V-Ray:: Image sampler (Antialiasing) |
| + | V-Ray:: Adaptive subdivision image sampler |
| + | V-Ray:: Indirect illumination (GI) |
| + | V-Ray:: Irradiance map |
| + | V-Ray:: Quasi-Monte Carlo GI |
| + | V-Ray:: Caustics |
| + | V-Ray:: Environment |
| + | V-Ray:: rQMC Sampler |
| + | V-Ray:: Color mapping |
| + | V-Ray:: Camera |
| + | V-Ray:: Default displacement |
| + | V-Ray:: System |

图 3—16

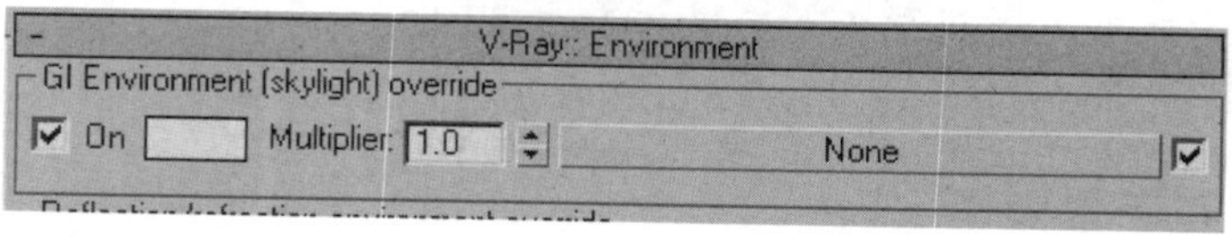

| − | V-Ray:: Environment |
|---|---|

GI Environment (skylight) override

☑ On    Multiplier: 1.0    None    ☑

图 3—17

（4）再进入全局光面板，设置参数，如图 3-18 所示。进入图像采样面板，设置最终渲染图纸的参数，如图 3-19、图 3-20 所示。

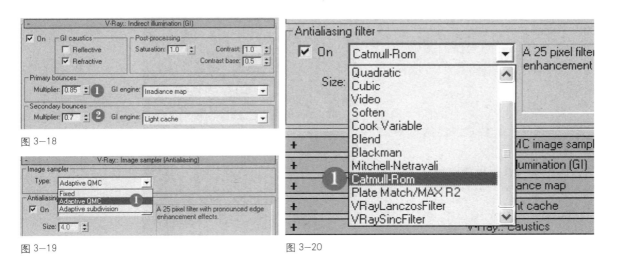

图 3-18

图 3-19

图 3-20

（5）进入高级光贴图参数，设置最终渲染图纸的参数如图 3-21 所示。最后检查其他面板参数，均为默认值即可。这样就可以调试出大致想要的结果。调试渲染最终图像如图 3-22 所示，这里没有进行环境制作，所以场景不够丰富，这里只是讲解日景的渲染技巧，具体场景布置依据具体需要进行。

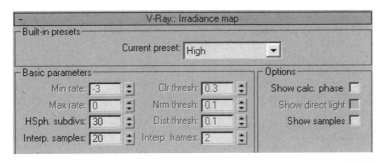

图 3-21

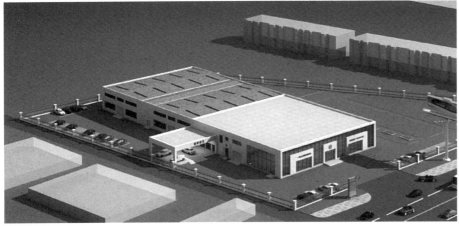

图 3-22

## 3.3　阴天全局光制作

阴天的产生是因为太阳被云遮挡，其主光的颜色变冷变暗，环境光也逐渐变暗变深，所以阴天灯光的制作只要在日景灯光制作的基础上调整主光和环境光的参数即可取得其效果。

（1）调节主光

1）调整主光位置，通常与相机成180°，称为逆光。这个根据分析可以自己确定其与摄像机的夹角，如图3-23所示。

2）调节主光强度和颜色，主要依据对阴天的色彩的理解，如图3-24、图3-25所示。这样就可以模拟阴天的大概效果。

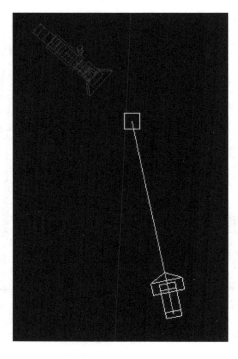

图3-23

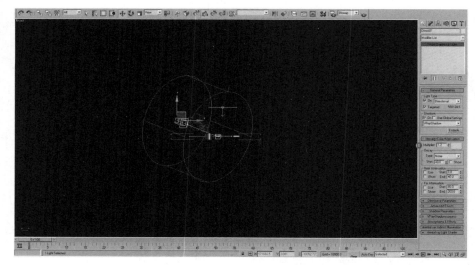

图3-24

（2）调节环境光

设置VR灯光模拟环境光，如图3-25、图3-26所示。

调节参数如图3-27所示。

设置渲染面板环境光参数，依据经验，这些数值变化较小，通过渲染测试观察其效果，如图3-28所示。

其他渲染参数均与日景渲染参数相同。调试渲染最终图像，如图3-29所示。

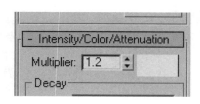

图3-25

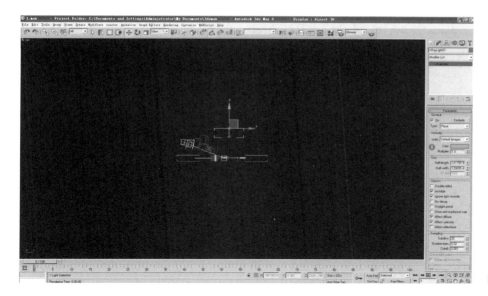

图 3—26

图 3—27          图 3—28

图 3—29

# 项目二 黄昏夜景灯光设置

## 1 学习目标

- 掌握黄昏时的灯光设置方法；
- 掌握夜景时的灯光设置方法；
- 辅助灯光效果的处理。

## 2 相关知识

（1）补光灯的制作，主要用于模拟建筑物周围的照明灯光。如建筑外墙的地灯照明时与墙面发生的色彩关系，色调与环境光的关系，多为互补色。

（2）夜景的色调，夜景的色调把握，有月光的色调，无月光的色调。

（3）光色把握，日景主光偏暖，环境光偏冷；阴天，主光偏灰，环境光偏蓝灰。

## 3 项目单元

### 3.1 黄昏灯光效果制作

黄昏的产生是因为太阳高度变化和太阳光照强度的降低，其主光的颜色变暖变弱，环境光也逐渐变暗变深，所以黄昏灯光的制作只要在日景灯光制作的基础上调整主光和环境光的参数即可获取其效果。

（1）调节主光

1）先设置调整主光位置，与地面夹角较小，也就是模拟太阳快要落山的效果，如图 3-30 所示。

2）调节主光强度和颜色，变暖变弱，黄色带点红色效果，如图 3-31 所示。

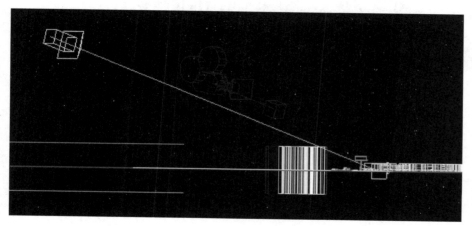

图 3-30

(2) 调节环境光

1) 设置 VR 灯光模拟环境光，如图 3-32 所示。
调节参数如图 3-33 所示。

2) 设置渲染面板环境光参数，如图 3-34 所示。

图 3-31

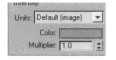

图 3-33

图 3-34

3) 其他渲染参数均与日景渲染参数相同，参照前个项目的讲解。

4) 调试渲染最终图像，如图 3-35 所示。

图 3-32

图 3-35

## 3.2 夜景灯光的制作

本节继续通过某一汽大众 4S 店建筑，讲解夜景灯光的制作流程。

(1) 前期准备工作——项目模型的建筑模型检查

提前拿到模型，确认建筑模型无误，如图 3-36 所示。将所有的模型赋予建筑材质，如图 3-37 所示。

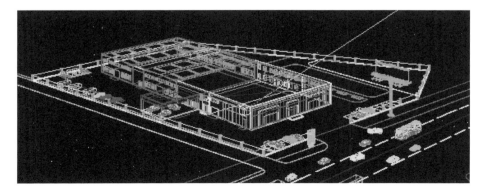

图 3-36

(2) 设置渲染器

1) 选择 V-Ray 渲染，如图 3-38 所示。

2) 在场景中设置主光，根据场景及相机位置设置模拟太阳光的主光（角度通常垂直相机角度，高度自行掌握），如图 3-39 所示。

3) 设置灯光参数：选择灯光形式，如图 3-40 所示。

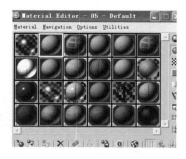

图 3-37

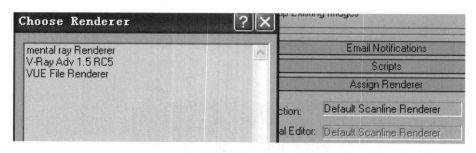

图 3-38

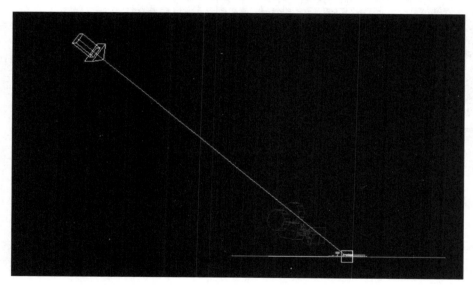

图 3-39

4) 选择阴影形式，如图 3-41 所示。（因为渲染器选择 V-Ray，所以灯光阴影的形式应与之匹配）根据测试，最终确定灯光颜色与强度，如图 3-42 所示。

5) 设置光圈的大小，一般让光圈的最外圈涵盖全部场景，如图 3-43 所示。

6) 设置夜景辅助灯光。在建筑正上方打一盏灯光来模拟夜景下的灯光，如图 3-44 所示；设置其参数，如图 3-45 所示。

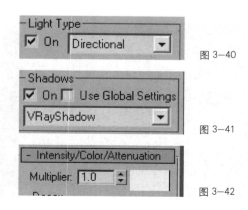

图 3-40

图 3-41

图 3-42

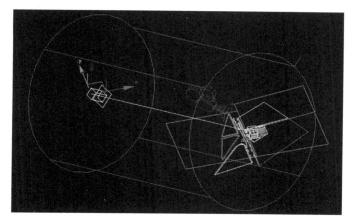

图 3—43

图 3—45

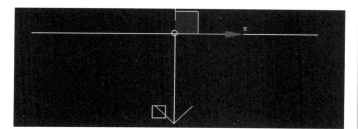

图 3—44

7）设置室内灯光，灯光类型为 VR，如图 3—46 所示；设置其参数，如图 3—47 所示。

8）设置室外点灯（设置的原则是哪里需要光就打哪里），如图 3—48 所示；调整参数，如图 3—49、图 3—50 所示。

9）整体打灯数目如图 3—51 所示。

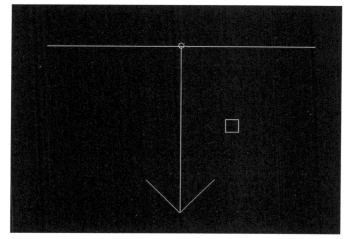

图 3—46

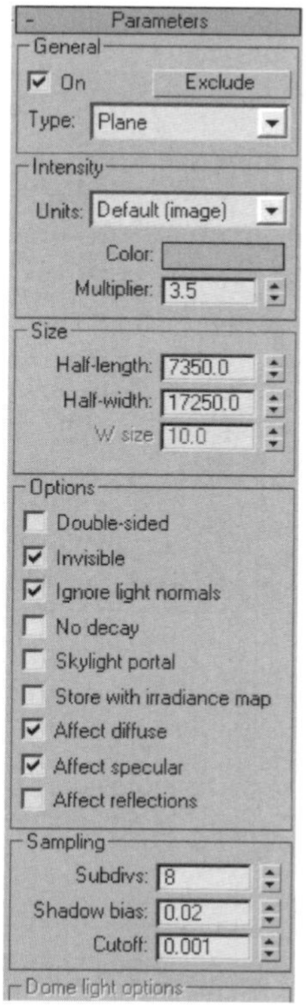

图 3—47

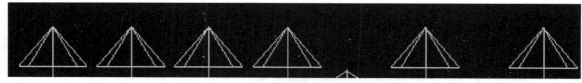

图 3-48

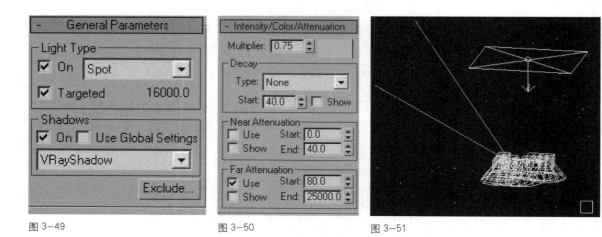

图 3-49　　　　　　　　　图 3-50　　　　　　　图 3-51

（3）设置渲染面板

1）进入 V-Ray 渲染面板，如图 3-52 所示。

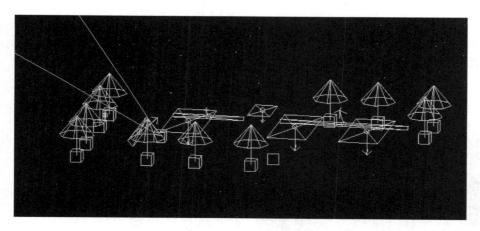

图 3-52

2）首先进入环境设计面板，打开环境光调整环境色和环境光强度，模拟现实中的环境光，如图 3-53 所示。

3）进入全局光面板，设置参数进入图像采样面板，设置最终渲染图纸的参数，如图 3-54~ 图 3-56 所示。

4）进入高级光贴图参数，设置最终渲染图纸的参数如图 3-57 所示。其他面板参数均为默认值，如图 3-58 所示。

（4）调试渲染最终图像，如图 3-59 所示。

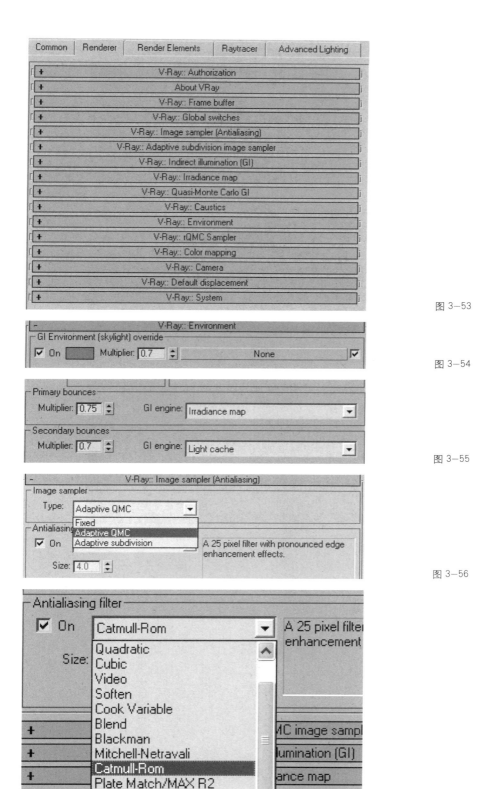

图 3—53

图 3—54

图 3—55

图 3—56

图 3—57

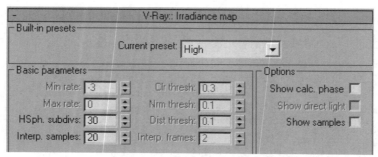

图 3-58

图 3-59

## 思考题与习题

（1）思考如何制作黄昏转夜景动画效果？

（2）依据模块三课外实训项目资料制作晚霞的效果。

# 4

## 模块四　建筑动画分镜头设计

【知识点】

建筑动画规律知识；建筑动画表现知识；各分镜制作知识；镜头间衔接知识。

【学习目标】

通过项目活动，学生能够掌握通过建筑动画各种镜头表现手法，根据动画要求制作动画分镜头，以此完成动画镜头表现制作。

# 项目一　分镜头设计与制作

## 1　学习目标

- 掌握动画分镜的类型；
- 掌握动画分镜设计的技巧；
- 掌握动画分镜之间的衔接技巧；
- 掌握动画分镜的构图；
- 掌握动画不同分镜类型对画面表现作用。

## 2　相关知识

### 2.1　平移镜头

（1）推镜头又称推拍，即不断改变视点而视向不变，镜头连贯地对准一个目标从远向近拍，边前进边拍摄，直到跟前落幅，以供观众把视线集中于目标上观看。

（2）拉镜头又称拉拍，与推拍方向恰恰相反，从主体身上后退离开，从点到面看到整体全貌及与其环境的关系和作用，使人有思索、回味等感受。

（3）移镜头又称移拍，与推拉镜头一样，也是不断地变换摄影点（视点），连续地边移摄影机边拍摄。所不同的是它平行移动，可以横着、竖着、斜着拍，往前或往后横扫着拍。

（4）跟镜头又称跟拍，也像移拍一样，摄影机边走边拍，但区别于移拍的就是要跟定一个目标对象。摄影机推跟在人背后跟拍，与人保持一定距离，跟着、走着拍。

### 2.2　摇转镜头

（1）摇镜头又称摇拍，镜头在拍摄的过程中有摇动的变化。这样拍摄出的画面变化较大，内容丰富。在建筑动画中多用在高塔楼的表现上。

（2）升、降镜头是相反又相近的镜头，在表现高塔建筑时常用到该镜头。

（3）甩镜头也称甩拍，相当于快速摇拍，是比摇拍的速度快上很多倍的拍法。

## 3　项目单元

### 3.1　镜头表现方法

下面以丝路数字视觉海口某广场项目案例为例：

（1）直接展示法。这是一种最常见的，运用十分广泛的表现手法。它将某主题直接如实地展示在画面上，充分运用摄影或绘画等技巧的写实表现能力。细臻刻划和着力渲染产品的质感、形态和功能用途，将主题物精美的质地引人入胜地呈现出来，给人以逼真的现实感，使消费者对所宣传的产品产生一种亲切感和信任感。这种手法由于直接将产品推向消费者面前，所以要十分注意画面上产品的组合和展示角度，应着力突出产品的品牌和产品本身最容易打动人心的部位，运用色光和背景进行烘托，使产品置身于一个具有感染力的空间，这样才能增强建筑动画画面的视觉冲击力（图4-1）。

图4-1

（2）突出特征法。运用各种方式抓住主题本身与众不同的特征，并把它鲜明地表现出来，将这些特征置于建筑动画画面的主要视觉部位或加以烘托处理，使观众在接触言辞画面的瞬间即很快感受到，对其产生注意和发生视觉兴趣，达到刺激购买欲望的促销目的。这些应着力加以突出和渲染的特征，一般由富于个性形象与众不同的特殊能力等要素来决定。突出特征的手法也是常见的，运用得十分普遍的表现手法，有着不可忽略的表现价值。如图4-2～图4-4所示，突出该项目的特征。

图4-2

图4—3

图4—4

（3）对比衬托法。对比是一种趋向于对立冲突的艺术美中最突出的表现手法。它把作品中所描绘的事物的性质和特点放在鲜明的对照和直接对比中来表现，借彼显此，互比互衬，从对比所呈现的差别中，达到集中、简洁、曲折变化的表现。通过这种手法更鲜明地强调或提示产品的性能和特点，给消费者以深刻的视觉感受。作为一种常见的，行之有效的表现手法，可以说，一切艺术都受惠于对比表现手法。对比手法的运用，不仅使宣传主题加强了表现力度，而且饱含情趣，扩大了设计作品的感染力。对比手法运用的成功，能使貌似平凡的画面处理隐含着丰富的意味，展示了主题表现的不同层次和深度。如图4—5～图4—7所示，表现建筑环境的优美、可人之处，与坚实的建筑物相对比、相衬托，在对立冲突中找到艺术美的最贴切的表现手法。

图 4—5

图 4—6

图 4—7

（4）合理夸张法。借助想象，对建筑动画的对象的品质或特性的某个方面进行相当明显的夸大，以加深或扩大这些特征的认识。文学家高尔基指出："夸张是创作的基本原则。"通过这种手法能更鲜明地强调或揭示事物的实质，加强作品的艺术效果。夸张是一般中求新奇变化，通过虚构把对象的特点和个性中美的方面进行夸大，赋予人们一种新奇与变化的情趣。按其表现的特征，夸张可以分为形态夸张和神情夸张两种类型，前者为表象性的处理品，后者则为含蓄性的情态处理品。通过夸张手法的运用，为广告的艺术美注入了浓郁的感情色彩，使产品的特征性鲜明、突出、动人。如图4—8、图4—9所示，为了表现商场内部及连廊大牌云集、人流攒动的盛况，制作者适当运用了夸张手法。

（5）以小见大法。在建筑动画设计中对立体形象进行强调、取舍、浓缩，以独到的想象抓住一点或一个局部加以集中描写或延伸放大，以更充分地表达主题思

图4—8

图4—9

想。这种艺术处理以一点观全面，以小见大，从不全到全的表现手法，给设计者带来了很大的灵活性和无限的表现力，同时为接受者提供了广阔的想象空间，获得生动的情趣和丰富的联想。以小见大中的"小"，是画面描写的焦点和视觉兴趣中心，它既是创意的浓缩和生发，也是设计者匠心独具的安排，因此它已不是一般意义的"小"，而是小中寓大，以小胜大的高度提炼的产物，是简洁的刻意追求。如图4-10~图4-12所示，着重表现公寓内部的细节以衬托公寓的设计品质。

（6）运用联想法。在审美的过程中通过丰富的联想，能突破时空的界限，扩大艺术形象的容量，加深画面的意境。通过联想，人们在审美对象上看到自己或与自己有关的经验，美感往往显得特别强烈，在产生联想的过程中引发了美感共鸣。如图4-13所示，这个镜头通过公寓在黄昏时阴影的变长画面，使观者产生联想——傍晚到来。

图 4-10

图 4-11

图 4-12

图 4-13

　　(7) 以情托物法。艺术的感染力最具直接作用的是感情因素，审美就是主体与美的对象不断交流感情产生共鸣的过程。艺术有传达感情的特征，"感人心者，莫先于情"这句话已表明了感情因素在艺术创造中的作用，在表现手法上侧重选择具有感情倾向的内容，以美好的感情来烘托主题，真实而生动地反映这种审美感情就能获得以情动人，发挥艺术感染人的力量。如图 4-14 所示，车水马龙的街道，映衬着都市快节奏的生活。

　　(8) 连续系列法。通过连续画面，形成一个完整的视觉印象，建筑动画画面本身有生动的直观形象，多次反复的不断积累，能加深观者对宣传物的印象，获得好的宣传效果，对扩大销售，树立名牌，刺激购买欲，增强竞争力有很大的作用。从视觉心理来说，人们厌弃单调划一的形式，追求多样变化，连续系列的表现手法符合"寓多样于统一之中"这一形式美的基本法则，使人们

图 4—14

图 4—15

于"同"中见"异"，于统一中求变化，形成既多样又统一，既对比又和谐的艺术效果，加强了艺术感染力。如图 4—15 所示，这是一个俯视平移镜头，也就是连续系列画面不断出现，虽然画面缺少变化但能更好地说明问题，造成一种强烈的感受，产生引人入胜的艺术效果。

## 3.2 推镜头设计与制作

推镜头又称推拍，即不断改变视点而视向不变，镜头连贯地对准一个目标从远向近拍，边前进边摄，直到跟前落幅，以供观众把视线集中于目标上观看。如图 4—16 所示，摄像机位置发生移动，景物由远到近在画面上发生改变，这就是典型的跟拍。这也是基于人们在日常生活中从远处看不清物体时，必须凑近来才能看个究竟的道理。从全景连贯推至近景或局部特写景，可看清主体面目和主体与其环境关系，目标明确，概念完整。推镜头使人有深入、集中的感受。如图 4—17 所示，这个动画是模拟在移动物上观看街道，有旁边汽车的引导镜头发生改变。

　　具体在软件中制作方法做以下介绍，摹拟图 4—16 所示的镜头，如图 4—17 所示。在 Life 视图创建一个摄像机，观察右上角的摄像机视图。沿街的立面表现较好，这就是本镜头入镜画面。这里使用简单的办法来制作跟镜头。在动画控制区激活 Auto Key 即自动记录动画关键帧，如果这个镜头要 4 秒的时间，这里把时间滑块拖至 100 帧处，如图 4—18 所示。摄像机在这 100 帧内运动即可以产生 4 秒的动画，拖动摄像机向前运动一段位置。这里主要是在 Life 视图中移动摄像机，当然也有时要配合 Top 等别的视图，观察摄像机视图画面达到制作要求即可。这时时间滑块上 100 帧处出现红色关键帧点。这就证明该摄像机具备了动画设置。可以点击动画播放区的 Play Animation 按钮在摄像机视图中观看大概的动画效果，如图 4—19 所示。

　　这里可以思考一下，为何只给摄像机本身设置了动画，而摄像机的前视点没有发生移动的动画？如果也要设置动画的话可以与上面设置动画的方法一样来制作。主要是考虑画面的美感，如图 4—20 所示。

图 4—16

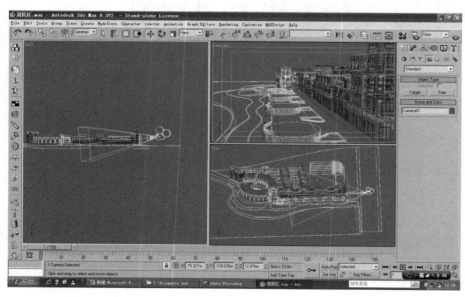

图 4—17

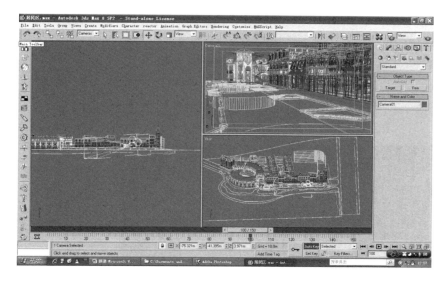

图4-18

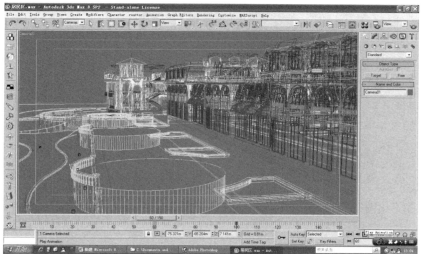

图4-19

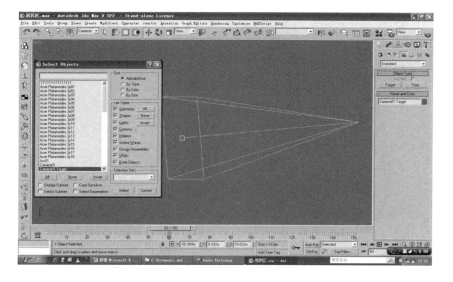

图4-20

### 3.3　拉镜头设计与制作

拉镜头又称拉拍，与推拍方向恰恰相反，是从主体身上后退离开，从点到面看到整体全貌及与其环境的关系和作用。使人有思索、回味等感受。摄像机位置发生移动，景物由近到远在画面上发生改变，这就是典型的拉拍。如图4-21、图4-22所示，这是一个拉拍镜头的两个关键帧画面，由近到远的画面变化。

图 4-21　　　　　　　　　　　　　　图 4-22

具体在软件中制作方法如下：这里模拟图4-21、图4-22所示的镜头。在如图4-23所示的场景中选择摄像机，准备给摄像机设置动画。这里要注意，需要制作的这个拉镜的时间是多少，因为时间滑块处MAX默认是150帧，也就是6秒的时间，如果长度不够这里可以调整。点击动画控制区处的Time Configuration按钮会弹出Time Configuration面板，在Frame Rate处勾选RAL，帕制是亚洲国家的通用模式，在Animation处，Start Time右侧输入数值为1，在Length处输入数值200，如图4-24所示。时间滑块就变为200，这样就可以制作8秒的动画。选择摄像机，向后拖动一个距离，当然这里先要激活Auto Key并且将时间滑块移至200帧处，如图4-25所示，这样摄像机就沿着一条直线向后运动了一段距离。

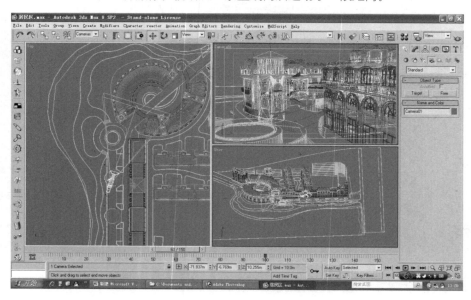

图 4-23

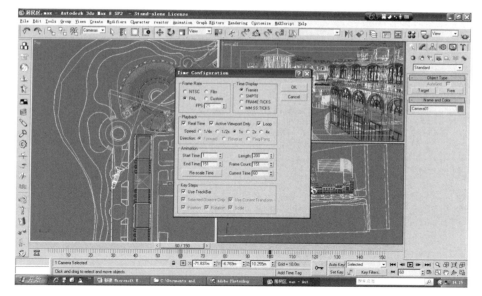

图 4—24

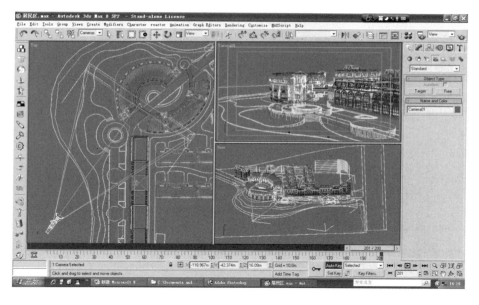

图 4—25

　　选择摄像机，点击右键，屏幕上会弹出快捷菜单，如图 4—26、图 4—27 所示，点击 Properties，打开 Object Properties 面板，勾选 Display Properties 处的 Trajectory，点击 Ok，如图 4—28 所示，会出现一条虚线，这条虚线是摄像机运动的轨迹。

　　在 Auto Key 激活的状态下拖动时间滑块可以看到摄像机确定是沿这条虚线运动的，如图 4—29 所示。在任何一帧处（除起始帧，最后一帧）都可以移动摄像机，如图 4—30 所示，在 78 帧处移动摄像机，虚线随着摄像机的移动发生了弯曲变化。那么可以想象摄像机的运动路径就不是直线而是曲线了，这样动画画面变得多样一些，就不像沿一条直线那样过于单调。

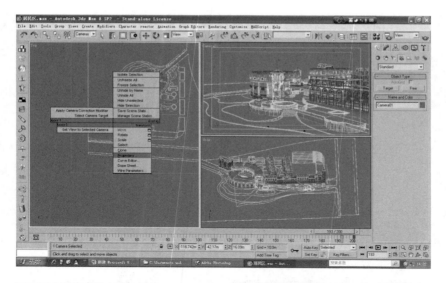

图 4—26

图 4—27

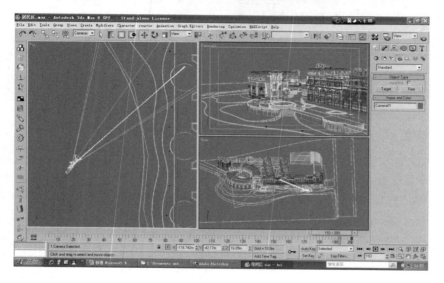

图 4—28

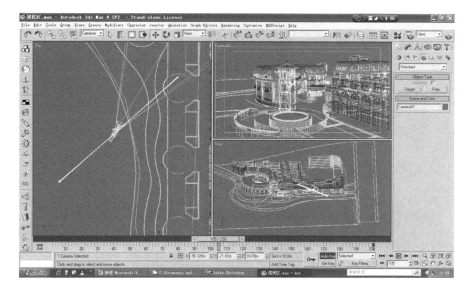

图 4—29

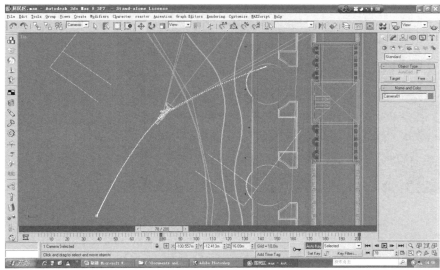

图 4—30

　　按上面的办法把摄像机的前视点也设置同样的动画，如图 4—31 所示，这样拉镜头就制作完毕。

　　值得提醒的是：两个运动路径的变曲不能太大。因为拉镜的特征是镜头向后运动。变曲线路径是为了丰富画面，变化太大就改变了镜头的性质。

## 3.4　摇镜头设计与制作

　　摇镜头又称摇拍，镜头在拍摄的过程中有摇动的变化。这样拍摄出的画面变化较大，内容丰富，在建筑动画中多用于高塔楼的表现上。如在表现高耸入云的高塔建筑时运用摇镜拍摄，可以在画面中体现倾斜的高楼，也符合平时观察高楼时的视错觉。如图 4—32 所示建筑动画中表现高楼就是运用摇镜得到的一帧画面。图 4—33 所示的也是仰视高楼落雨的效果，是运用摇拍的画面。

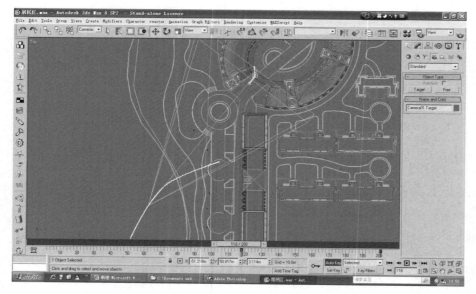

图 4—31

图 4—32

图 4—33

　　具体在软件中制作方法做如下介绍：这里以居民区的高层住宅表为例。这里制作一个摇镜动画，如图 4—34 所示在场景中创建一个摄像机，调整视角，图中的摄像机视图设定为该镜头的第一帧面片即入镜画面。创建第二个摄像机。将右下角的视图设定为摄像机 2 视图，调整摄像机 2 视图，通过旋转工具，旋转摄像机 2，使得到的画面更加倾斜，如图 4—35 所示。这样两个摄像机视图可以理解为这个摇镜头的入镜与出镜画面，也就是第一帧与最后一帧。

　　接着完成动画镜的设定，选择摄像机 1，激活 Auto Key 按钮，将时间滑块拖至 75 帧处，在工具栏上点击 Align（对齐）工具，在摄像机 2 上单击，会出现如图 4—36 所示的 Align Selection 对齐命令面板。使用默认的参数，点击 OK，进而两个摄像机做了对齐，也就是摄像机从本位置移动到摄像机的目标位置，这样摄像机的运动过程就记录了下来，看到如图 4—37 所示的 75 帧处出现的红色关键帧。

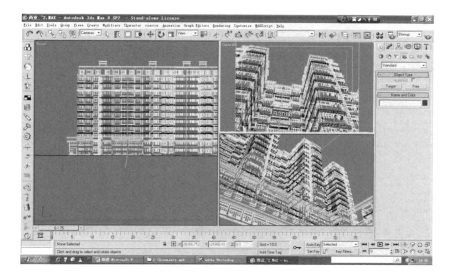

图 4—34

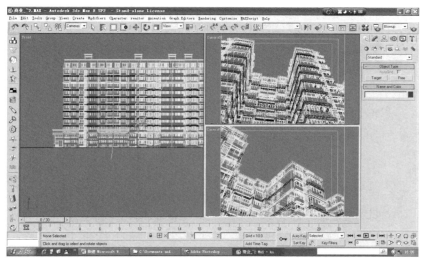

图 4—35

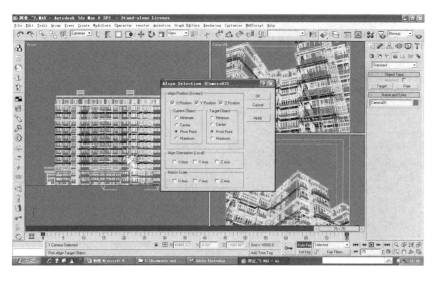

图 4—36

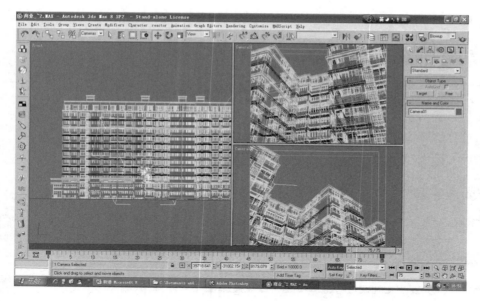

图 4-37

　　利用同样的操作将两个摄像机的前视图调对齐并记录其动画。如图 4-38
所示，两个摄像机的画面完全一致，渲染摄像机的视图这个摇镜头的全部
画面。

　　这里讲的是制作第二个摄像机的画面方法，摄像机本身旋转画面时的感
觉，这是制作摇镜头的关键，此方法是广泛运用的方法，一定要注意掌握。

## 3.5　移镜头设计与制作

　　移镜头又称移拍，与推拉镜头一样，也是不断地变换摄影点（视点），连
续地边移摄影机边拍摄。所不同的是它平行移动，可以横着、竖着、斜着拍，

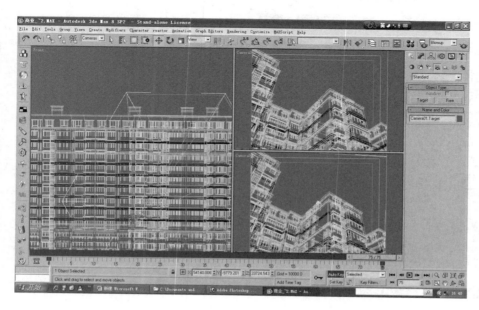

图 4-38

往前或往后横扫着拍，如图 4—39～ 图 4—41 所示，就是建筑动画中典型的平移镜头，重点交代建筑的绿化环境和环境设施。目标不止一个，有时落幅处有明显的目标，有时扫过的对象就是目标，有时没有落幅一直移着拍（影片衔接技巧）。实景拍移镜头时须把摄影机架在专用移动车上移拍。

图 4—39

图 4—40

图 4—41

具体在软件中的操作，打开 3ds MAX 软件如图 4—42 所示，调整好摄像机，摄像机视图为该镜头的入镜画面，选择摄像机本身和摄像机的前视点，点击 Auto Key，将时间滑块拖至 75 帧处，或者在动画控制区直接输入 75 即可，如图 4—43 所示。移动摄像机，如图 4—44 所示，主要观察摄像机视图，这时画面移到住宅楼的西侧面。

　　通过这个镜头的制作，可以看出设置镜头手法很多，并不是必须使用固定的制作方法，而是可以择优使用，这次镜的区分是由镜头移动的路径来决定是推境还是移镜而不是由制作手法决定。

　　如图 4—45 所示是大场景的移镜画面——交代国家体育场鸟巢周围的规划场景。如图 4—46 所示是表现某写字楼外立面的移镜效果。

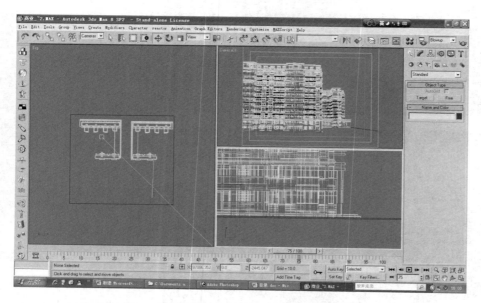

图 4—42

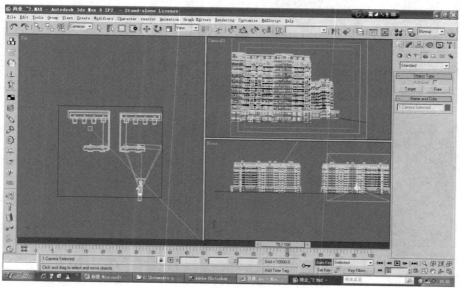

图 4—43

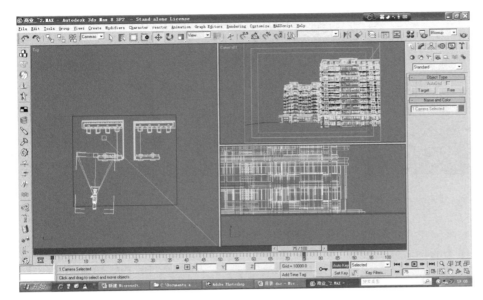

图 4—44

图 4—45

图 4—46

## 3.6 升、降镜头设计与制作

升、降镜头是相反又相近的镜头,在表现高塔建筑时常用到该镜头。如图 4—47 所示,这是雨景中一个升镜头制作,主要表现雨景中的建筑物。图 4—48 所示的是一个降镜,这个降镜头是表现高层建筑的外立面的表现纹理及细节的结构。这里介绍一个笔者制作建筑动画的经验:升镜制作时多配合一些摇镜的效果,这样制作出来的画面较为丰富。

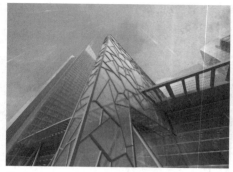

图 4—47

图 4—48

具体在软件中的操作为：在场景中调整设置摄像机，如图 4—49 所示。这是一个仰视的镜头，主要表现高层住宅的阳台。选摄像机，激活 Auto Key 自动记录关键帧按钮。

将时间滑块拖至 150 帧按钮处。沿 Y 轴向上移动摄像机至图 4—50 所示的位置，这样就记录一个升镜的动画。在讲到这个程度时要提醒大家，设定制作任何镜头时，都要拖动时间滑块观察任何一个时间位置上的画面，看是否符合预期目标，如图 4—51 所示。如果感觉没有达到预定的要求，可以用前的镜头设置方法，显示摄像机的路径虚线，进行调节各个时间处摄像机的位置，如图 4—52 所示。

设置降镜头具体制作方法和升镜差不多。主要区别是降镜的目标是地面及较低的建筑物或某个景观，多为找一个有意义的物体为降镜最后着落点，这里不再讲解具体的制作方法。如图 4—53 所示就是以建筑物路上凉伞为目标点进行降镜的，过程记录建筑外立面及外景一举两得。

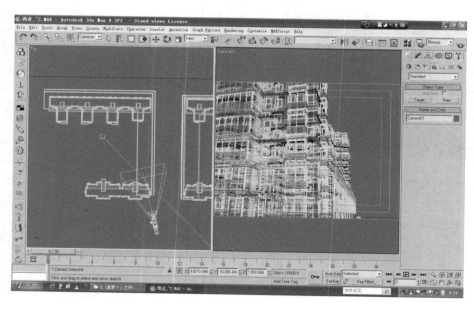

图 4—49

图 4—50

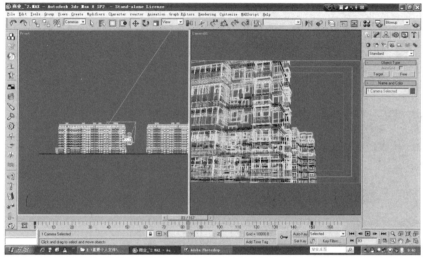

图 4—51

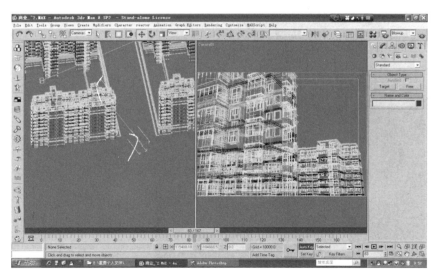

图 4—52

图 4—53

## 3.7  甩镜头设计与制作

　　甩镜头也称甩拍，相当于快速摇拍，是比摇拍的速度快上很多倍的拍法。图 4—54、图 4—55 即是甩拍的镜头，有建筑的俯视到大鸟瞰镜头，这种镜头多用到建筑成片的结尾处或对某个焦点物体的表现上。摄影师把摄影机一划，顺手一甩，就拍成一个镜头，将来得出来的每一格画面上都没有一个定像，都是流线状掠过的像（位）移。在剪辑影片、组接镜头时，夹接在上、下两镜头之间，起承上启下的衔接作用。在影片蒙太奇构成中，它可以产生缩短空间与时间距离的效果。

图 4—54

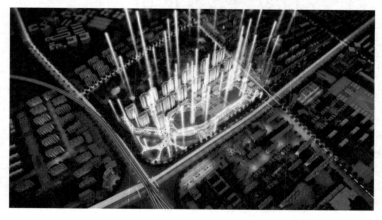

图 4—55

在软件中操作为：如图 4—56 所示是对居民区的商业中心的表现，由这个视图通过甩拍制作一个 6 秒的动画，最后转向一个大鸟瞰镜头。通过移动摄像机并记录动画，达到如图 4—57 所示视图。显示摄像机运动虚线，更改摄像机运动虚线，这里主要是体会〝甩〞的感觉。这里主要是通过虚线的形态。这里可以看到在 56 帧处摄像机的变化并分析这个路径通过的应是有可能在摄像画面中出现问题或穿帮的镜头，或是某个区域有可能出现问题，当然这里可以通过拖动时间滑块大致观察。不过大场景不好这样浏览。在工具中打开渲染面板，如图 4—58 所示，在渲染面板的 Common Parameters 卷栏下，点选 Frames，在右侧输〝1~56、60、100、125、150〞，这就是选择性地渲染动画可以渲染出 1 至 56 帧的连续画面，加上 60 帧、100 帧、125 帧、150 帧的画面，这是一个测试动画的好办法。

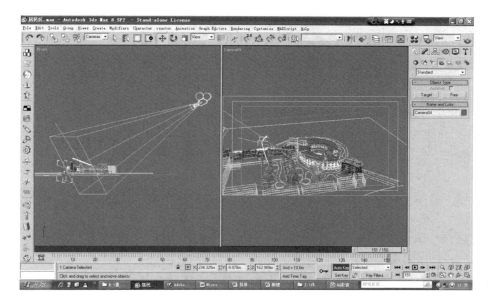

图 4—56

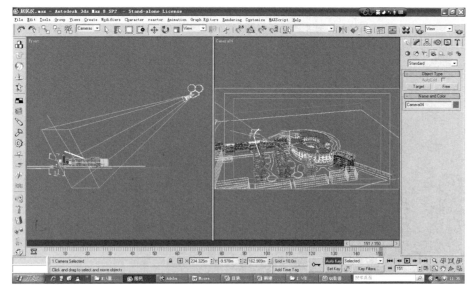

图 4—57

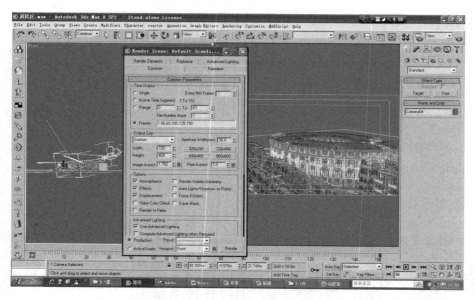

图 4-58

这里就完成了对甩镜的讲解，具体操作同学们在以后制作时体会。

## 3.8 跟镜头设计与制作

跟镜头又称跟拍，也像移拍一样，摄影机边走边拍，但区别于移拍的就是要跟定一个目标对象。推跟在人背后跟拍，机与人保持一定距离，跟着、走着拍。如图 4-59 所示就是跟着汽车拍摄的镜头，当然还有很多方法，比如制作一个飞行物使摄像机跟着拍摄表现画面，如图 4-60、图 4-61 所示，就是模拟一个树叶在飞行并引导摄像机在运动来表达画面。当然也有没有目标物来引导制作跟镜，如图 4-62、图 4-63 所示就是无物体引导在林间小道行走的镜头，模拟人独自行走的视觉画面，这里要注意视点要符合人的观看情况。

上面讲解了很多镜头制作方法这里就不在 3ds MAX 软件里具体操作。读者根据自己理解制作跟镜头。

图 4-59

图 4—60

图 4—61

图 4—62

图 4—63

## 思考题与习题

(1) 思考镜头间的穿插衔接关系？

(2) 利用课外实训项目资料制作一组镜头来表现对象。

# 5

## 模块五　动画后期处理

**【知识点】**

动画特效制作知识；动画校色知识；动画剪辑制作知识。

**【学习目标】**

通过项目活动，学生能够掌握通过建筑动画后期制作技术，根据动画要求对建筑动画进行后期处理，完成建筑动画成片。

# 项目一　After Effects后期应用与效果处理

## 1　学习目标

- 掌握 AE 的基本的后期处理方法；
- 掌握 AE 特效滤镜的使用方法；
- 掌握 AE 中的文字动画的制作方法；
- 掌握 AE 动画的渲染与输出设置。

## 2　相关知识

### 2.1　影片设置

（1）导入素材，在"Project"窗口空白处双击调入光盘中素材，选择序列图开始的第一帧，勾选左下角的"Targe Sequence"，可导入序列图片。

（2）设置画面，画面播放的常规标准：720×576，标准电影格式：720×404，当然还有一些最近的更窄的屏幕效果，根据实际制作需要来确定。

### 2.2　特殊效果

（1）视频特效滤镜：将"Project"窗口中"金属通道"的素材拖放到"Timleline"上，在"Timeline"上，使"金属通道"处于选择状态，执行"Effects—Trapcode—Shine"，可得到特殊的滤镜效果。

（2）Audio音频特效滤镜："Backwards"用于将音频素材反向播放，从最后一帧播放到第一帧，在时间线窗口中，这些帧仍然按原来的顺序排列。"Swap Channels"用于将两个音轨交换；"Bass & Treble"用于调整高低音调。如果需要更强大的音调控制，就要"ParametricEQ"参数均衡器。"Bass"用于升高或降低低音部分。"Treble"用于升高或降低高音部分。

（3）校色作品：主要统一各个镜头的色彩关系，在校色面板可以轻松地调整序列画面的色调，与 Photoshop 软件很类似。

## 3　项目单元

### 3.1　后期特效（After Effects）导入素材

Adobe After Effects 7.0 软件可以帮助您高效、精确地创建无数种引人注目的动态图形和震撼人心的视觉效果。利用与其他 Adobe 软件无与伦比的紧密集成、高度灵活的 2D 和 3D 合成，以及数百种预设的效果和动画，为您的电影、视频、DVD 和 Macromedia Flash 作品增添令人耳目一新的效果（本书讲到的软件版本为 Adobe After Effects 7.0）。

（1）键盘输入 Ctrl+N，新建一个合成项目，如图 5-1 所示，按【OK】键。

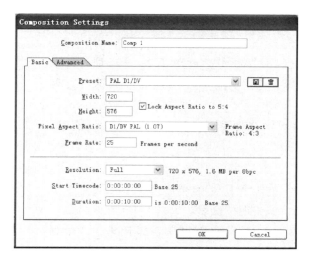

图 5-1

(2) 在 "Project" 窗口空白处双击调入光盘中素材，选择序列图开始的第一帧，勾选左下角的 "Targe Sequence"，如图 5-2 所示，单击【打开】按钮。

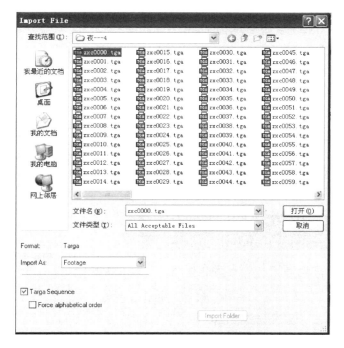

图 5-2

(3) 弹出一个 "Interpret Footage" 对话框，如图 5-3 所示。

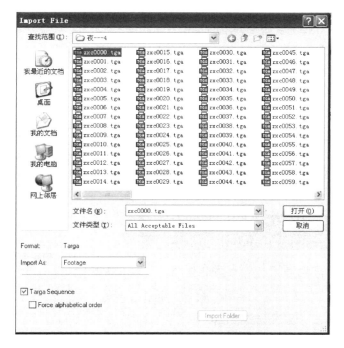

图 5-3

对导入文件"Alpha"通道的取舍，有如下选项：

① Ignore：忽略原文件的"Alpha"。

② Straight—Unmatted：保留并使用"Alpha"。此时有另一选项"Invert Alpha"，可以反转图像的 Alpha 值，即原来透明的变为不透明，而原来不透明的成透明的了。

③ Premultiplied — Metted With Color：如果所导入的文件不带 Alpha 通道，可以指定某种颜色作为透明色。

（4）操作过程中须注意：

① "Preferences—Import—Interpret Unlabeled Alpha As"中选择上述之一作为默认的导入方式，由此取消每次导入文件时的提示。

②文件已经导入，可以在"Project"窗口中右键单击该文件"Interpret Footage—Main"（或 Ctrl+F）调出"Interpret Footage"对话框，对原导入时的"Alpha"重新作取舍。

③在合成处理时，只要使用导入的"Alpha"或是指定了某种透明色，一般它们都会保持原来的全透明值（0），其他 1 ~ 255 的透明成分则视叠加方式（Transfer Mode）、层透明度、特技处理方式等等的不同呈现不同的样子。

这里按默认选择，按【OK】键，将如图 5-4 所示的素材调入。

图 5-4

## 3.2　特效滤镜与文字动画

（1）视频特效滤镜，将"Project"窗口中"金属通道"的素材拖放到 Timeline 上，如图 5-5 所示。

图 5-5

（2）在"Timeline"上，使"金属通道"处于选择状态，执行"Effects—Trapcode—Shine"，参数调整如图 5-6 所示。

图 5-6

（3）在"Timeline"上，使"金属通道"处于选择状态，按 Ctrl+D 键三次，复制图层，将复制图层的叠加模式改为"Add"，如图5-7所示。画面效果如图5-8所示。

图 5-7

图 5-8

（4）将"Project"窗口中名为"金属"的素材拖放到"Timeline"上，使它位于图层的最底层，感觉光线从它上面发出去的，画面效果如图5-9所示。

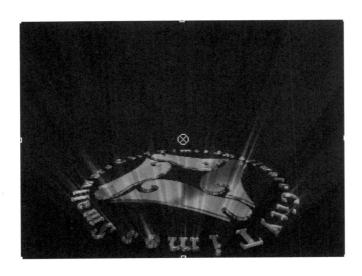

图 5-9

## 3.3　Audio 音频特效滤镜

（1）"Backwards"用于将音频素材反向播放，从最后一帧播放到第一帧，在时间线窗口中，这些帧仍然按原来的顺序排列。"Swap Channels"用于将两个音轨交换；"Bass & Treble"用于调整高低音调。如果需要更强大的音调控制，就要 ParametricEQ 参数均衡器。Bass 用于升高或降低低音部分，Treble 用于升高或降低高音部分。

(2)"Delay"的延时效果

可以设置声音在一定的时间后重复的效果。用来模拟声音被物体反射的效果。"Delay Time"为延时时间，以 ms 为单位。"Delay Amount"为延时量。"Feedback"为反馈。"Dry out"为原音输出，表示不经过修饰的声音输出量。"Wet out"为效果音输出，表示经过修饰的声音输出量。

(3)"Flange & Chorus"参数

Flange & Chorus 包括两个独立的音频效果，"Chorus"用于设置和声效果，使单个语音或者乐器听起来更有深度，可以用来模拟"合唱"效果。"Flange"用于设置变调效果，通过拷贝失调的声音，或者把某个频率点改变，调节声音分离的时间、音调深度。可以用来产生颤动、急促的声音。应用这个效果的时候，默认的设置为应用"Flange"效果。"Voice Separation Time (ms)"用于设置声音分离时间，单位是 ms。每个分离的声音是原音的延时效果声。设置较低的参数值通常用于"Flange"效果，较高的数值用于"Chorus"效果。"Voice"用于设置和声的数量。Modulation Rate 用于调整调制速率，以 Hz 为单位，指定频率调制。"Modulation Depth"调制深度。"Voice Phase Change"调整声音相位变化。"Invertphase"将声音相位相反。"Stereo Voices"设置为立体声效果。"Dry on"原音输出。"Wet out"效果音输出。

如果应用合唱效果，将"Voice Separation Time"设置在 40 以上，"Voice"设置为 4，"Modulation Rate"设置为 0.1，"Modulation"设置为 50%，"Voice Phase Change"设置为 90，选择"Stereo Voice"选项，Dry/Wet 都设置为 50%。

(4)"High-Low Pass"应用

"High-Low Pass"应用为高低通滤波器，只让高于或低于某一频率的声音通过。可以用来模拟增强或减弱一个声音，例如可以用"High Pass"滤除外景中的噪声（通常存在于低频），让人声更清晰；"Low-Pass"可以消除高频噪声（如静电和蜂鸣声），可以用来改变声音的重点，例如在混合了音乐和人声的声音中突出人声或音乐声。可以独立输出高低音等。"Filter options"用于选择应用"High Pass"高通滤波器和"Low Pass"低通滤波器。"Cut off Frequency"用于切除频率。"Dry out"原音输出。"Wet out"效果音输出。

(5)Modulator 的应用

"Modulator"用于设置声音的颤音效果，改变声音的变化频率和振幅。使用产生声音的多普勒效果，比如一列火车靠近观察者的时候，啸叫声越来越高，通过时降低。"Modulation Type"用于选择颤音类型，Sine 为正弦值，Triangle 为三角形。

"Modulation Depth"用于设置调制深度；"Amplitude Modulation"用于设置振幅；"Parametric EQ"用于为音频设置参数均衡器，强化或衰减指定的频率，对于增强音乐的效果特别有效。"Frequency Response"是频率响应曲线，水平方向表示频率范围，垂直表示增益值。"Band1 / 2 / 3Enable"应用第〈1 / 2 / 3〉条参数曲线，最多可以使用三条，打开后可以对下面的相应参数进行调整。"Frequency"设置调整的是频率点；"Bandwidth"设置带宽；"Boost / Cut"提升或切除，调整增益值。

(6) "Reverb"通过加入随机反射声模拟现场回声效果。"Reverb Time"(ms)用于设置回音时间，以 ms 为单位。"Diffusion"用于设置扩散量；"Decay"调整衰减度，指定效果消失过程的时间；"Brightness"调整明亮度；"Dry out"调整原音输出；"Wet out"效果声输出。

(7) "Stereo Mixer"用来模拟左右立体声混音装置。可以对一个层的音频进行音量大小和相位的控制。"Left Level"左声道增益，即音量大小；"Right Level"右声道增益；"Left Pan"左声道相位，即声音左右定位；"Right Pan"右声道相位。

(8) "Tone"效果用来简单合成固定音调。比如潜艇的隆隆声、电话铃声、警笛声以及激光等的某一种效果，最多可以增加 5 个音调产生和弦。"Tone"可以对没有音频的层应用该效对音频层或包含音频的层应用该效果，使用后将只播放合成音调。"Waveform Options"用于选择波形形状。Sine 表示正弦波；Square 表示方波，产生随失真的声音；Triangle 表示三角波；Saw 接近方波音调。Freqency〈1 / 2 / 3 / 4 / 5〉分别设置 5 个音调的频率点，如果要关闭某个频率的时候参数设置为 0。"Level"调整振幅，如果预览的时候出现警告声，说明"Level"值设置过高。依照使用的音调个数均分 100%，如果用满 5 个音调，则"Level"值为 20%。

(9) 文字动画

1) 新建一个合成项目按键盘 Ctrl+N，如图 5-10 所示，按【OK】键完成新建项目。

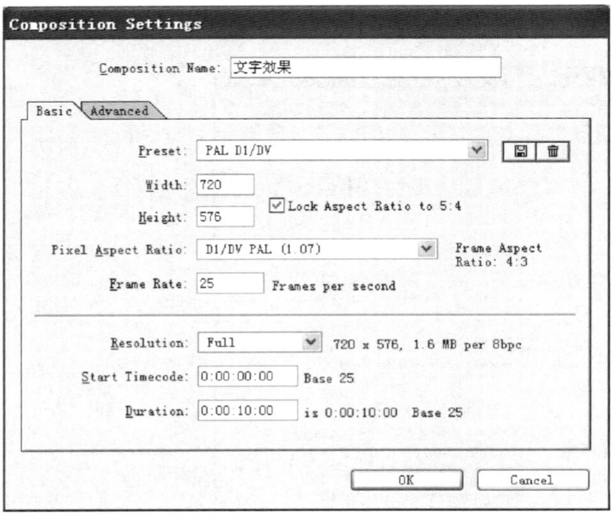

图 5-10

2) 在"Timeline"的右下角按鼠标右键，点击"New—Text"，新建文字，如图5—11所示。

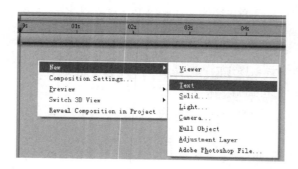

图 5—11

3) 输入"徐州时代小商品城"选择工具栏上的移动工具，将输入的文字移动到屏幕中间。使"Timeline"的文字处于选择状态，执行"Animation—Apply Animation Preset"，弹出如图5—12窗口按数字小键盘上的"0"键，预览效果，如果不满意，按键盘输入Ctrl+Z，撤销再找合适的，也可以通过帮助文件找到合适的文字预设效果。"Help—After Effects Help"，或按F1键，弹出窗口，如图5—13所示。

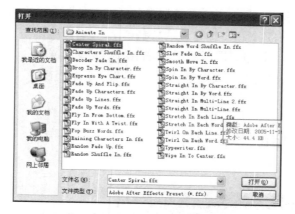

图 5—12

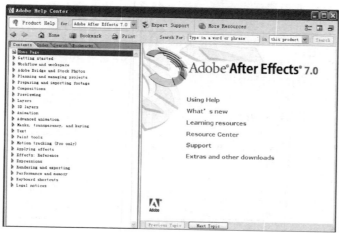

图 5—13

4）"Contents"选项框下展开〈Text〉下〈Gallery of text animation presets〉下〈Animate In text animation presets〉，里面有各种各样的文字预设效果，可以更直观、更方便地选择各种预设效果，如图5—14所示。

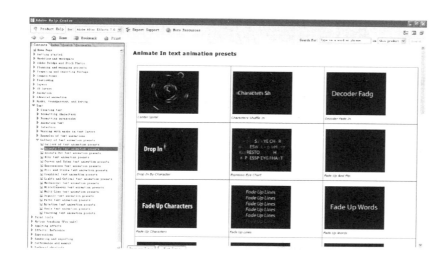

图 5—14

## 3.4 动画的渲染与输出

渲染并不一定是最后工序，在制作中有时需要进行各种测试渲染，来评价合成的效果，然后再返工修改，直至最终满意，进行最后渲染输出；有时候还需要对一些嵌套合成层预先进行渲染，然后将渲染的影片导入到合成项目中，进行其他的合成操作，以提高"AE"的工作效率；有时只需要渲染动画中一个单帧，鉴于渲染的这些需要，在"AE"的渲染设置中也提供了众多选择，满足不同的渲染要求。

（1）渲染队列窗口

在项目窗口中选择合成项目，按 Ctrl+M，或选择命令〈Composition → Make Movie〉，即可打开渲染队列窗口，并将该合成项目加入到渲染队列中。

之所以称"AE"的渲染窗口为渲染队列窗口，是因为"AE"允许将多个合成项目加入到渲染任务中，按照各自的渲染设置，按照在队列中的上下顺序进行渲染，这样就可以事先安排好需要渲染的任务，然后操作者可以去做其他事情，回来就可以看到"AE"已经自动完成了所有的渲染任务。下面认识 AE 的渲染队列窗口，如图 5—15 所示。

图中 A 部分为渲染信息窗口，显示在渲染过程中的内存消耗、渲染时间等信息；

图中 B 部分为渲染进程指示，显示渲染的进度；

图中 C 部分为渲染序列窗口，每个需要渲染的合成项目都在此排队，等候渲染，上下拖动渲染任务，可以重新为它们排序。

（2）渲染状态

下面将对渲染序列窗口中的渲染状态进行详细说明，如图 5—16 所示。

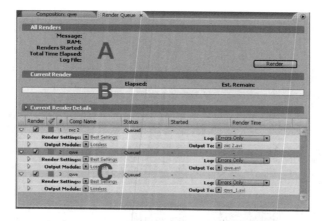

图 5-15

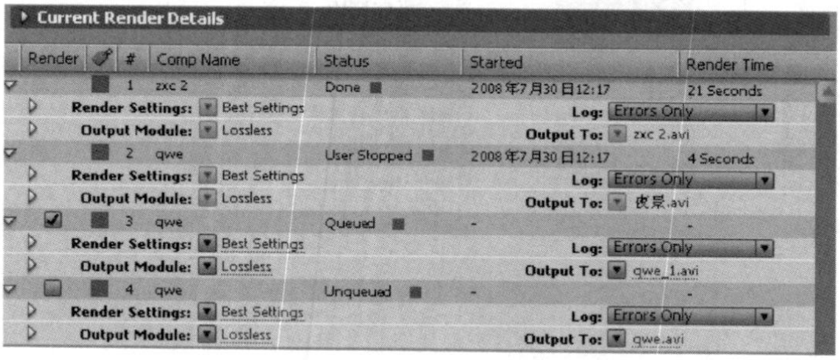

图 5-16

在渲染队列窗口的上方有一行标题栏，分别标志渲染队列的项目名称、当前状态、开始渲染时间、总共渲染的时间。注意当前状态的显示，观察该栏可以知道渲染队列渲染情况：

① Done：表示渲染已经顺利完成；

② User Stopped：表示操作者停止了渲染；

③ Queued：表示该队列已经设置渲染参数，按下【Render】按钮即可开始渲染；

④ Unqueued：表示该队列还没有设置渲染参数。

（3）渲染设置

在渲染队列窗口中，单击"Best Settings"，弹出如图 5-17 所示的设置窗口：

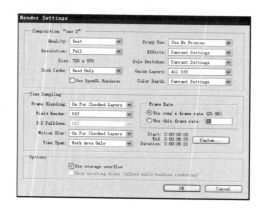

图 5-17

1) "Quality"：渲染质量设置，可以选择最好质量、草稿质量、线框模式，后两者是为了测试使用。

2) "Resolution"：分辨率设置，可以选择完全尺寸（Full），与合成项目相同的尺寸输出，或者1/2的尺寸（Half）输出，或者1/3、1/4的尺寸输出，或者自定义更小的尺寸输出。

3) "Proxy Use"：代理设置，可以选择渲染所有代理、或只渲染合成项目中的代理、或不渲染任何代理。

4) "Effects"：效果设置，可以选择渲染所有的效果或关闭所有的效果。或者按照每个效果的开关是否打开而确定是否渲染。

5) "Frame Blending"：帧融合设置，可以按照每层帧融合开关是否打开而决定是否渲染，也可以关闭所有的帧融合渲染。

6) "Field Render"：可以选择不加场渲染，或者加上场优先渲染，或者加下场优先渲染。

7) "Motion Blur"：运动模糊设置，可以按照每层的运动模糊开关是否打开决定是否渲染，或者关闭所有的运动模糊渲染。当选择运动模糊渲染时，可以勾选下面的〈Override Shutter Angle〉选以此处设置的快门角度〈Shutter Angle〉的大小取代系统默认的快门角度大小，如果不选择该选项，则"AE"以默认的快门角度进行运动模糊渲染。

8) "Custom Time Span"：自定义设置有效的渲染片段，可以是合成项目的持续时间（Length of Comp），或者是时间线窗口的工作时间段（Work Area Only），或者自定义（Custom），选择自定义，弹出如图5—18所示的设置窗口。在该窗口中设置渲染的开始帧、结束帧，定义渲染片段的持续时间。

9) "Frame Rate"：帧速率设置，定义影片的帧速率，可以是合成项目的帧速率，或者自定义一个帧速率，如图5—19所示。

10) "Use storage overflow"：勾选该选项，可以使用"AE"的溢出存储功能，如图5—20所示。

（4）渲染模板设置

渲染设置相对而言较为复杂，"AE"提供了渲染模板设置功能，可以预先定义好几个渲染模板，然后选择调用即可，这样就不需要一次又一次地重复设置了。

选择菜单"Edit—Templates—Render Settings"，打开渲染模板设置窗口，如图5—21所示。

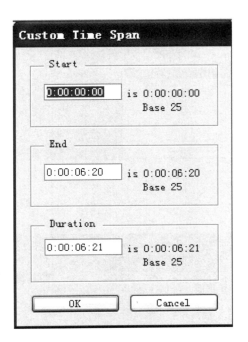

图 5-18

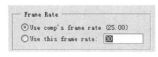

图 5-19

图 5-20

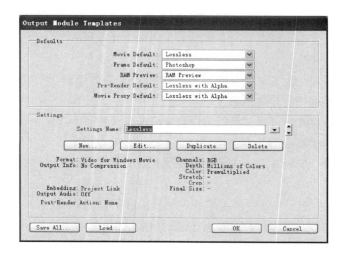

图 5-21

"Defaults"中定义了影片渲染、单帧渲染、预览渲染、代理渲染采用的默认模板，图 5-22 显示的是"Current Settings"，从下拉菜单选择其他的模板作为默认模板。在"Settings"中对这些模板进行编辑、复制、保存操作，并可以创建新的模板、删除不需要的模板。在渲染设置窗口中，直接点击向下的箭头图标，选择渲染模板使用，如图 5-22 所示。

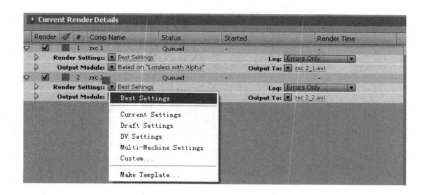

图 5-22

(5) 输出设置

在渲染队列窗口中，单击〈Lossless〉，如图 5-23 所示。

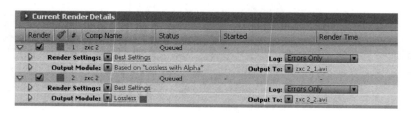

图 5-23

弹出如下的设置窗口：如果需要渲染带有声音的影片，打开相关的开关即可，如图 5-24 所示。

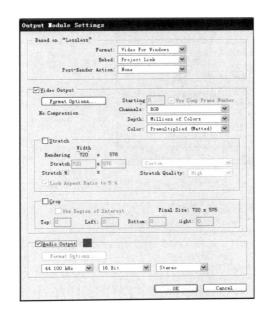

图 5-24

选择视频压缩格式、颜色深度、压缩质量等参数。按下"Format Options"按钮弹出。"Channels"选择通道设置，可以只输出颜色通道或者"Alpha"通道，或者两者都输出。

Depth：设置颜色深度，颜色数越多，色彩越丰富，生成的文件尺寸也会越大。

"Color"颜色设置，控制透明信息是否也存在颜色通道内；

以上这些信息在生成影片的视频格式、压缩格式设定后，一般不需要再单独设置了。如果选择的是输出序列图片，比如"Targa Sequence"、"TIFF Sequence"，在设置窗口中还会多出如下的一个选项，如图 5-25 所示。

图 5-25

可以在这里设置序列图片的起始编号；"Stretch"控制输出文件的帧尺寸；

"Output Module Settings"对话框下：〈Crop〉可以对输出图像进行裁剪；〈Audio Output〉控制音频的输出控制。

（6）输出模板

同渲染设置一样，输出设置也有输出模板可以编辑、调用。选择菜单〈Edit〉→ Templates → Output → Module，弹出输出模板设置窗口，如图 5-26 所示。

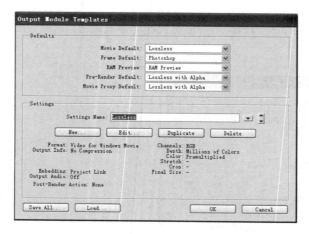

图 5—26

"AE"内置了 8 种输出模板，针对影片输出、单帧输出、内存预览、预渲染分别设置了各种输出模板，在下拉菜单中改变这些默认设置。其他的操作与渲染模板的设置相同。

（7）输出路径及文件名

定义渲染输出文件的文件名及保存路径。渲染设置、输出设置、文件名及路径设置完毕后，就可以按下【Render】按钮，开始渲染了。"AE"还可以为同一个合成项目输出多个不同的版本，比如同时输出影片和它的"Alpha"通道、不同的解析度、不同的尺寸，需要对合成项目采取多种格式输出时，首先在渲染序列窗口中选择该渲染任务，选择菜单"Composition"→〈Add Output Module〉，如图 5—27 所示。

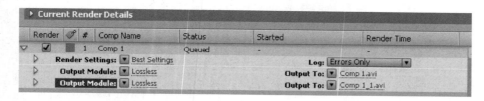

图 5—27

该渲染任务多了一个输出设置和文件输出路径、文件名设置，就可以对合成项目进行多种格式输出了。

（8）单帧生成

将时间线放到画面要生成的位置，执行"Composition"→〈Save Frame As〉→〈File〉，里面的参数可以根据需要进行不同的设置。

# 项目二 "Premiere" 的后期应用与动画合成

## 1 学习目标

- 掌握 Premiere 基础剪辑方法；
- 掌握 Premiere 中转场效果的使用方法；
- 掌握 Premiere 中的属性设置；
- 掌握 Premiere 中的音乐编辑技巧；
- 掌握 Premiere 的渲染输出设置。

## 2 相关知识

### 2.1 影片设置

(1) 单击【New Project】按钮，进入"New Project"对话框。在该对话框中系统提供了几种预设方案，选预设方案 DV-PAL 文件夹下的〈Standard 48Hz〉项，对项目的存放路径和名称等属性进行设定。

(2) 导入素材，在"Project"窗口的空白处，双击鼠标左键，弹出"Import"对话框，选择要导入的素材，如果是序列动画，选择序列图开始的第一帧画面，勾选下面的〈Numberde Stills〉再单击【打开】按钮,此时导入的素材进入"Project"窗口，用同样的方法将其他几个序列帧调入。

### 2.2 影片制作

(1) "Motion"和"Opacity"选项的含义：

① "Position"设置视频文凭或图片在屏幕中的位置；

② "Scale"设置视频文凭或图片的缩放比例；

③ "Scale Width"默认情况下此项为不可用状态，当"Uniform Scale"处于没有选状态时，才可以调节；

④ "Uniform Scale"是否按长宽比例缩放；

⑤ "Rotation"可以调节旋转的度数；

⑥ "Anchor Point"定位点设置；

⑦ "Opacity"透明度设置，数值为 100 时为不透明，数值为 0 时为全透明，数值为 50 时为半透明。

(2) 添加字幕，执行"File"→〈New〉→〈Title〉命令，在 Name 后面为字幕命名,按【OK】键,会弹出字幕设计器,单击字幕设计器右边的"Title Properties"面板中的〈Properties〉下的【Font】按钮，从弹出的菜单中选择合适的字体；调节 Font Size 的数值，字体设置成合适的大小；Leading 调节字的上下之间距离。选择工具栏中的水平文本工具，在字幕设计器的文字输入框中输入"徐州时代小商品城，淮海经济区首家专业小商品市场"。选中工作区上面的"Show Video"项后单击工具栏中的选择工具，将文本拖动到合适的位置。

# 3 项目单元

## 3.1 Premiere 创建项目与导入素材

Premiere 和广为人知的 Photoshop 软件同出自 Adobe 公司，是一种功能强大的影视作品编辑软件，可以在各种平台下和硬件配合使用。Adobe Premiere 目前已经成为主流的 DV 编辑工具，它为高质量的视频提供了完整的编辑方案，作为一款专业非线性视频编辑软件在业内受到了广大视频编辑专业人员和视频爱好者的好评（本书讲到的软件版本为 Adobe Premiere Pro 2.0）。在开始制作一部影片之前，首先要创作建立一个新项目，项目是一个 Premiere 电影作品的蓝本，它相当于电影或电视制作中的分镜头剧本。下面将从程序启动到进入 Premiere 的用户界面开始对项目的创建进行讲解。

（1）单击"开始—程序—Adobe Premiere Pro 2.0"命令，启动 Adobe Premiere Pro 2.0 程序。

（2）启动 Adobe Premiere Pro 2.0 程序后，会弹出创建和打开项目的对话框，要求创建项目。其中 Recent Projects 项目是已经创建的项目，如果以前没有创建过项目，则该项目下面就不会出现创建过的项目列表，如图 5-28 所示。

（3）单击【New Project】按钮，进入"New Project"对话框。在该对话框中系统提供了几种预设方案，选预设方案 DV-PAL 文件夹下的 Standard 48Hz 项，对项目的存放路径和名称等属性进行设定，如图 5-29 所示。

（4）在"Location"文本框中输入项目的存储目标，也可以单击【Browse】按钮，在弹出的对话框中选择目标文件夹，输入文件名后按【OK】按钮后，进入 Adobe Premiere Pro 2.0 的用户界面。

（5）在"Project"窗口的空白处，双击鼠标左键，弹出"Import"对话框，如图 5-30 所示。

（6）选择要导入的素材，如果是序列动画，选择序列图开始的第一帧画面，勾选下面的〈Numberde Stills〉再单击【打开】按钮，此时导入的素材进入"Project"窗口，用同样的方法将其他几个序列帧调入，如图 5-31 所示。

（7）如图 5-32 所示，在 Project 窗口中，选中序列帧，右击其中素材，在弹出的菜单中选择〈Insert〉，将该素材添加到时间轴上。也可以直接选中项目窗口中的序列帧，拖到时间线，将其他几组序列帧都拖到时间线上，如图 5-33 所示。

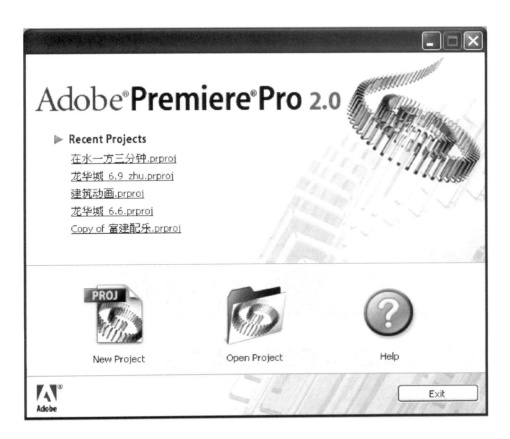

图 5—28

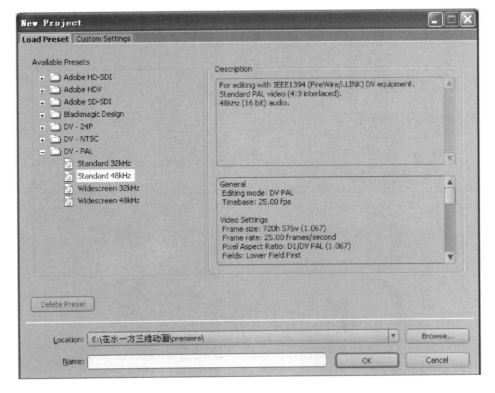

图 5—29

图 5-30

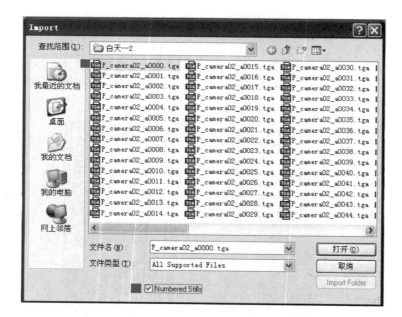

图 5-31

图 5-32

图 5-33

## 3.2 转场过渡与视频特效

（1）认识转场与特效窗口，通过点击"Effects"切换，也可以通过"Windows → Effects"打开，如图5-34所示。

（2）在"Effects"窗口中，有"Presets""Audio Effects""Audio Transitions""Video Effects""Video Transitions"五部分，分别是"音频功能预设""音频转场""视频特效""视频特效""视频转场"等。点击前面的"△"即可看到下面的转场与特效。

图5-34

（3）转场的添加设置，视频转场的作用是使镜头衔接、过渡更加自然、美观；音频转场是使音频更加自然和谐。视频转场共有10类，音频转场共有2类。根据实际需要，操作者选择合适的转场特技。转场的添加方法是拖动转场，直接放置到两个素材中间。此时，两个素材中间会出现这样的标志，如图5-35所示。

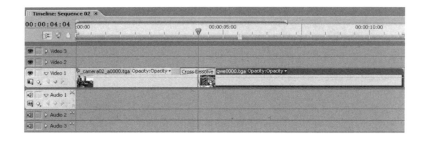

图5-35

如果对已经加入的视频转场不满意，选中已经加入的视频转场，用键盘上的Delete键即可删除，也可以通过右键，在弹出的菜单中选择〈Clear〉清除。

（4）转场的设置。双击时间线上转场即可在特效控制窗口设置，设置数值可以调节转场起始的效果、转场的长度和起始方式，如图5-36所示。

（5）在时间线上选中素材，把特效拖放上即可，此时，时间线的素材上会出现一条紫色的线。与转场不同，一个素材上可以同时增加多个视频特效，如图5-37所示。

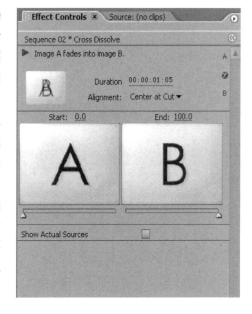

图5-36

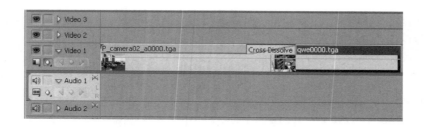

图 5—37

（6）通过单击时间线上的素材，即可调出特效控制窗口。通过窗口可以进行设置，如图5—38所示。

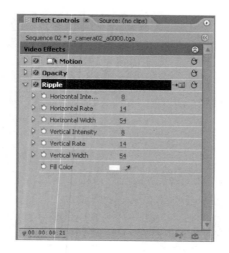

图 5—38

### 3.3 动作 "Motion" 和透明 "Opacity" 面板讲解与字幕

（1）动作和透明设置就集成在特效控制面板 "Effect Controls" 里面了。它可以在不同的关键帧的位置设置不同的数值，从而使视频动画变化丰富无穷，如图5—39所示。

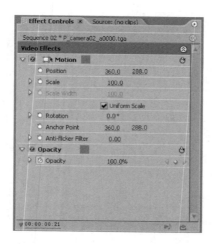

图 5—39

（2）防抖动功能可以调节数值，这是一项新增加的功能，如图5—40所示。

图 5-40

(3) "Motion" 和 "Opacity" 选项的含义：

1) "Position" 设置视频或图片在屏幕中的位置；

2) "Scale" 设置视频或图片的缩放比例；

3) "Scale Width" 默认情况下此项为不可用状态，当 "Uniform Scale" 处于未选状态时，才可以调节；

4) "Uniform Scale" 是否按长宽比例缩放；

5) "Rotation" 可以调节旋转的度数；

6) "Anchor Point" 定位点设置；

7) Opacity 透明度设置，数值为 100 时为不透明，数值为 0 时为全透明，数值为 50 时为半透明。

(4) 字幕的加入

1) 执行 "File → New → Title" 命令，如图 5-41 所示。

2) 在 Name 后面为字幕命名，按【OK】键，会弹出字幕设计器，如图 5-42 所示。

图 5-41

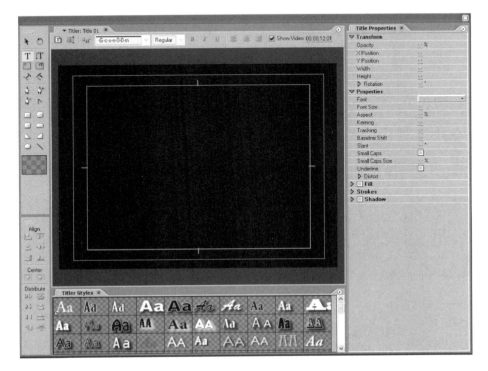

图 5-42

3) 单击字幕设计器右边的 "Title Properties" 面板中的〈Properties〉下的【Font】按钮，从弹出的菜单中选择合适的字体；调节 "Font Size" 的数值，字体设置成合适的大小；"Leading" 调节字的上下之间

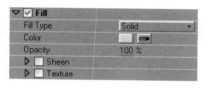

图 5-43

距离。选择工具栏中的水平文本工具 **T** ，在字幕设计器的文字输入框中输入 "徐州时代小商品城，淮海经济区首家专业小商品市场"。选中工作区上面的 "Show Video" 项后单击工具栏中的选择工具 **k** ，将文本拖动到合适的位置。展开 "Fill" 项，单击〈Color〉项右边的颜色选择器按钮，从弹出的〈Color Picker〉对话框中设定字体颜色，如图 5-43 所示。

4) 调节好设置后，将字幕设计器窗口关闭，默认已经将刚才做的保存好了，在 "Project" 窗口拖动字幕素材到时间轴的 Video 2 轨道上，并将鼠标放在字幕素材的出点处，当鼠标改变形状时，拖动字幕素材使其与 Video 1 轨道上的素材长度相同，如果需要做滚动字幕，为它的 position 做关键帧动画。

## 3.4 音乐加入与编辑

(1) 认识音频编辑时间线，音频编辑线和视频编辑线是共用一个窗口，在每一个轨道上都有一个喇叭标志，代表声音轨道。同时，默认情况下，每一个音频轨道前面有 "Audio"（声音）标志，如图 5-44 所示。

(2) 认识音频时间线轨道上的图标功能

1) 点击 图标，可以隐藏或者显示该音频轨道，当该音频轨道隐藏时，声音处于不可用状态。

2) 点击 图标，会在图标上出现 图标，此时代表该音频轨道处于锁定状态，不能编辑。同时，该轨道的音频素材图标上有一层斜线，如图 5-45 所示。

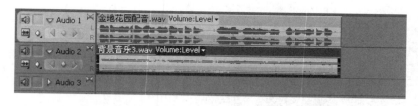

图 5-44

图 5-45

3) 点击 图标，会出现图 5-46 所示的对话框，从上到下依次为 "显示剪辑关键帧" "显示剪辑声音" "显示轨道全部关键帧" "显示轨道声音" "隐藏关键帧"，如图 5-46 所示。

（3）默认情况下，关键帧外于不可用状态，选中〝显示剪辑关键帧〞〝显示剪辑声音〞〝显示轨道全部关键帧〞、〝显示轨道声音〞中的任意一个后，可以对此进行编辑。编辑方法与视频编辑方法相同。

（4）音频素材有两种显示方式，在单击  图标时，会出现对话框。从上到下依次是〝波纹显示〞〝只显示素材名字〞。〝波纹显示〞方式，可以精确显示声音的高低等，方便音频素材的剪辑；〝只显示素材名字〞可以方便查看当前在使用的音频素材。

（5）〝Audio Mixer〞打开和使用方法：

1）打开〝windows → Audio Mixer〞，即可弹出对话框，操作者可以根据实际情况，选择要查看设置序列时间线的音量，如图5—47所示。

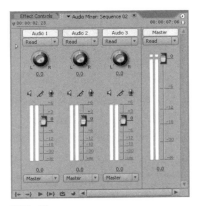

图5—46

图5—47

2）通过〝Audio Mixer〞，可以方便地对各个音频轨道的声音进行调节，也可以设置音频轨道的声音模式，比如左、右声道、混合声道等。

3）调整音量。可以通过拖放按钮或者调整数值调整音量。数值与音量成正比，默认情况下为0，大于0，音量提高；小于0，音量降低。正常的音量通常控制在 −6 到 0 之间。

4）设置声音模式。可以通过拖放按钮或者调整数值。此数值介于 −100 到 100 之间，−100 时为左声道，100 时为右声道，0 时为混合声道。默认情况下为混合声道，数值偏向哪个值，哪个声音表现的越明显。用这种方法可以制做〝MTV〞等。

5）通过 Audio Mixer，还可以监听声音，快速地到上一个音频编辑点或者下一个音频编辑点、编辑点内声音回放等，其图标的使用方法与视频编辑图标的作法相同。

6）默认情况下，Audio Maste meters 已经打开，它不可以调节设置，但通过它可以监控主音频音量的大小，如图5—48所示。

（6）Effect Controls 的使用方法

在时间线上选中音频素材，再切换到素材剪辑窗口，切换到〝Effect Controls〞面板，如图5—49所示。

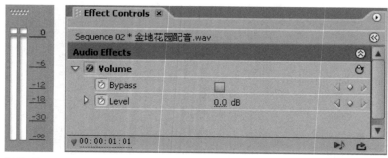

图 5-48    图 5-49

通过设置〝Level〞可以调整音量大小，同时还可以在不同的地方设置关键帧，根据节目的实际设置不同的音量。比如让声音时高时低、渐高渐低等。当然，也可以通过时间线上设置关键帧达到上述效果。

## 3.5  输出渲染

（1）输出影片之前一般需要设置工作区的范围。工作区指示了影片的有效范围。工作区位于〝Timeline〞窗口上部，将鼠标置于工作区指示条上，将显示工作区的起始时间、终止时间和持续时间，如图 5-50 所示。

图 5-50

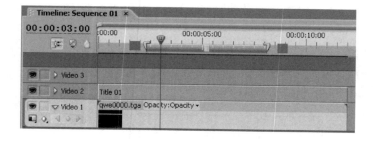

图 5-51

（2）将鼠标置于指示条左右边界的处时，按下鼠标左键并拖动可改变左右边界的位置，也改变了工作区的位置，如图 5-51 所示。

（3）设置好工作区后，在激活〝Timeling〞窗口的前提下选择菜单中的〝File〞→〈Export〉→〈Movie〉命令，或者按下 Ctrl+M 组合键，可进入〝Export Movie〞对话框，如图 5-52 所示。该对话框中有个〝Summary〞区域，它显示了当前输出设置的摘要。在输出之前，一般都要单击【Settings】按钮进行输出设置。设置完后按【保存】按钮就可开始输出。

图 5-52

（4）开始渲染后，会出现如图 5-53 所示的 "Rendering" 对话框。该对话框中显示了渲染进度、渲染开始时间、逝去时间，估计剩余时间、文件名、可用磁盘空间等信息，如图 5-53 所示。

图 5-53

（5）设置输入特性

1）在 "Export Movie" 对话框中单击【Settings】按钮，将进入 "Export Movie Settings" 对话框，如图 5-54 所示。在该对话框中可对输出格式、视频特性、音频特性等内容进行设置。

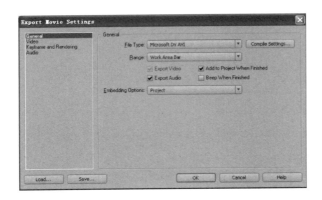

图 5-54

① "File Type"下拉列表：设置要输出的文件格式。

② "Range"下拉列表：设置输出范围，可选择"Entire Sequence"（整个影片）或者"Work Area Bar"（工作区范围）。

③ "Export Video"和"Export Audio"选项：这两个选项决定是否要输出音频或视频。

④ "Add to Project When Finished"：如果选中此项，可以在导出影片后自动将其添加到项目中。

⑤ "Beep When Finished"：如果选中此项，在导出影片后可以使系统发出蜂鸣声进行提醒。

⑥ "Embedding Options"：嵌入选项。设定是否在导出文件中嵌入可以使用命令"Edit Original"的信息。如果文件中包含相关信息，则以后可以利用 Adobe Premiere Pro 2.0 或者其他相关软件对项目进行再编辑。

2）在"Export Movie"对话框中选中〈Video〉项后，可对输出文件的视频特性进行设置，此时的"Export Movie"对话框如图 5—55 所示。

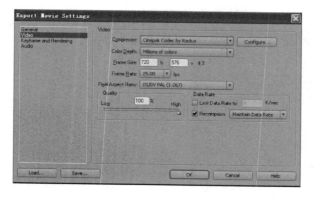

图 5—55

"Compressor"为压缩解压器，不同输出格式的影片对应不同的压缩解压器。"Color Depth"为颜色深度选项，在此项中可以设置影片输出的颜色数。"Frame Rate"项可以设定输出影片的帧速率，指定每秒播放视频的帧数。"Pixel Aspect Ratio"项用来设置导出影片的像素宽高比。其下拉列表如图 5—56 所示。

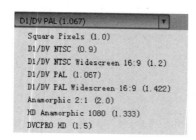

图 5—56

对于模拟视频、扫描图像和计算机生成的图形，则选择"Square Pixels"（方形像素）选项，或者选择视频本身所使用的格式。如果选择了一个不同于视频本身的像素宽高比，播放时视频可能会被拉伸或压缩。

"Quality" 项用来设定影片的导出质量。Quality 将影响画面的质量和所需的磁盘空间。质量低，需要的磁盘空间少；质量高，就需要较大的磁盘空间。

　　"Date Rate" 项可以进行数据处理时的速度设置。如果所选压缩器支持对该选项进行选择，则可以为 Adobe Premiere Pro 2.0 设置一个处理数据传输速率的上限值，以防止视频超出计算机系统所能承受的数据传输能力。此时，勾选〈Limit Data Rate to〉复选框，并在文本框中输入所需的数据传输速率。"Recompress" 选项表示让 Adobe Premiere Pro 2.0 重新压缩那些使用不同于视频设置对话框中的数据速率设置的帧。

　　3）在 "Export Movie" 对话框中选中 "Keyframe and Rendering" 后，可对关键帧和渲染特性进行设置，此时的 "Export Movie" 对话框如图 5-57 所示。

图 5-57

　　"Fields" 项用来进行输出影片的场设置。在 "Fields" 下拉列表框中，共有 3 个选项，如图 5-58 所示。

图 5-58

　　No Fields (Progressive Scan) 是默认选项，无场；Upper Field First：上场优先；Lower Field First：下场优先。

　　4）在 "Export Movie" 对话框中选中 "Audio" 项后，可对音频特性进行设置，此时的 "Export Movie" 对话框如图 5-59 所示。

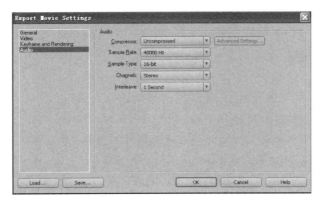

图 5-59

"Compressor" 项指定了在导出音频时所使用的压缩解压器；"Sample Rate" 项用来设定采样速率，通常较高的采样速率能使在播放音频时具有较好的音频质量；"Sample Type" 项设定采样类型。较高的位深音较好，较低的位深音质较差；"Channels" 项用来设定通道类型，其中"Mono"表示单声道，"Sterer"表示立体声道。"Interleave" 项用来设置播放文件时音频装入 RAM 的间隔时间。如果从下拉列表中选择 1Second，则当系统每播完一秒时，对应的音频将被装入 RAM 中，在下一帧进行播放前，播放该音频。增加该值能让 Premiere 存储更长的音频剪辑，从而减少处理次数，但是需要更大的 RAM。

(6) 单独输出音频

选择菜单中的"File"→〈Export〉→〈Audio〉命令，弹出"Export Audio"对话框，在"文件名"框中设置输出的文件名。

(7) 输出静态图片

将时间编辑线定位在要输出的帧然后选择菜单中的"File"→〈Export〉→〈Frame〉命令，进入"Export Frame"对话框，在对话框中输入要保存的文件名，如图 5—60 所示。

图 5—60

单击【Settings】按钮进入"Export Frame Settings"对话框，该对话框与"Export Movie Settings" 对话框一样，只是没有 "Audio" 选项。在 "File Type" 下拉列表中可选择〈BMP〉、〈GIF〉、〈TGA〉、〈TIF〉这四种格式的图片。选择图片格式并按需要设置好其他选项后单击【OK】按钮回到 "Export Frame Settings" 对话框，然后单击【保存】按钮就可输出。

(8) 输出影片

Adobe Media Encoder 是一个非常强大的输出工具，使用它可以输出当前最流行也最常用的多种影片格式，包括 MPEG1、MPEG2、Quick Time、RealMedia、Windows Media 等，并且 Adobe Media Encode 还为每种输出格式内置了多种输出预设值，以满足不同输出的不同需要。

1) 保证 "Timeline" 窗口处于激活状态，选择菜单中的 "File" → 〈Export〉

→〈Adobe Media Encoder〉的设置界面。

2）"Format"下拉列表如右图所示，从中可选择输出格式。可以看到，其中都是比较流行和常用的格式，如图 5-61 所示。

图 5-61

3）在"Preset"下拉列表中列出了所选格式的预设，从预设名可以看出它们是针对哪种输出目的和场合的。平时生成 DVD，格式设置如图 5-62 所示。

图 5-62

对于不同的格式，设置列表中显示的可设置项目也不同。

4）选择好格式并设置好参数后，单击【OK】按钮按"Save File"对话框。在该对话框中输入文件名，并可选择保存的文件类型。在"Export Range"下拉列表中还可选择是输出整个影片还只输出工作区范围内的部分。单击【保存】按钮后就可以开始输出了，如图 5-63 所示。

图 5-63

## 思考题与习题

（1）思考镜头之间的切换产生的视觉效果。

（2）依据前面制作的镜头序列来完成动画片的剪辑（制作要求突出本模块学习内容）。

# 参考文献

[1]　孙立军．动画艺术辞典 [M]．北京：北京联合出版公司，2003．

[2]　顾涛，郭玉泉．3ds Max/VRay 建筑表现技法 [M]．北京：北京科海电子出版社，2009．

[3]　陶丽等．神功利器——三维动画制作典型案例 [M]．北京：清华大学出版社，2007．

[4]　王捷，曾珍．3ds max 6 质感风暴 [M]．北京：北京科海电子出版社，2003．

[5]　陈世红，戈建涛，王允成．3ds max 6 实用速查手册 [M]．北京：北京科海电子出版社，2003．

[6]　顾涛，高月．建筑动画风暴 [M]．北京：北京科海电子出版社，2004．

[7]　王俭．三维动画制作实训教程 [M]．北京：中国电力出版社，2008．

[8]　李绍勇等．三维动画特效制作精粹 [M]．北京：北京希望电子出版社，2006．

[9]　张昀．动力学与角色动画篇 [M]．北京：中国电力出版社，2006．